2009 年海洋公益性科研经费专项（编号：200905010）项目资助

我国滨海电厂温排水生态影响监测与评估

张惠荣　叶属峰　纪焕红　编著

科学出版社

北京

内 容 简 介

本书比较系统地介绍了我国滨海电厂温排水生态环境监测与评估技术，内容包括：滨海电厂温排水生态影响实验；监测技术；数值模拟技术；生态损害评估技术；监测与评估技术应用等。本书通过滨海电厂温排水对海洋生态环境影响的系统分析，科学地提出了滨海电厂温排水项目技术论证中的关键技术，为有效监管滨海电厂温排水对海洋生态环境的影响，完善该领域的法律法规起到技术支撑的作用，尤其对滨海电厂温排水影响面积及邻近海域功能区划调整、温排水混合区界定、开展排水海洋生态动力学等研究具有一定的参考意义。

本书可作为海洋科学和环境科学相关专业的研究生、本科生、教师、科研工作者的参考书，也可供涉海管理工作者学习参考。

图书在版编目（CIP）数据

我国滨海电厂温排水生态影响监测与评估/张惠荣，叶属峰，纪焕红编著. —北京：科学出版社，2015.4

ISBN 978-7-03-044154-6

Ⅰ. ①我… Ⅱ. ①张… ②叶… ③纪… Ⅲ. ①海滨–发电厂–排水–生态环境–环境监测 ②海滨–发电厂–排水–环境生态评价 Ⅳ. ①X773

中国版本图书馆 CIP 数据核字（2015）第 080314 号

责任编辑：许 健 赵 晶 / 责任校对：郑金红
责任印制：谭宏宇 / 封面设计：殷 靓

科学出版社 出版
北京东黄城根北街 16 号
邮政编码：100717
http://www.sciencep.com

上海叶大印务发展有限公司 印刷
科学出版社发行 各地新华书店经销
*
2015 年 4 月第 一 版 开本：787×1092 1/16
2015 年 4 月第一次印刷 印张：12 1/4
字数：290 000
定价：90.00 元
（如有印装质量问题，我社负责调换）

序

    电厂温排水对水生生态的影响一直是环境保护领域的重要问题。随着国民经济的快速发展，用电需求急增，国家在滨海区兴建了大量火/核电厂，从而导致温水排放量大增，加大对邻近海域的环境压力。美国环境保护专家预言：产生含热废水的火/核电厂将是未来海洋的最大污染源。如何科学、合理监测与评估滨海电厂温排水的生态影响，已成为我国沿海地区可持续发展中的一个重大科学问题。

    国际上对电厂温排水的热影响研究始于 20 世纪 50 年代，70 年代起该领域的综合研究从室内实验走向野外生态监测，80 年代以后向纵深发展，逐渐发展形成一个以热污染（thermal pollution）为核心的综合性生态学研究。我国电厂温排水研究工作始于 70 年代。90 年代初出版了我国第一部有关电厂温排水专著——《水域热影响概论》（金岚，1993）。在这以后，特别是 2006 年颁布实施《防治海洋工程建设项目污染损害海洋环境管理条例》以来，我国在海洋环境保护中广泛开展了滨海电厂的环境影响评价及温排水的业务化监测与评价。

    电厂温排水的研究与管理涉及多学科、多领域。温排水包络线面积也是海域确权、海籍管理和海域使用金数额核定的重要依据之一。尽管滨海电厂建厂前有环境评价，后期有跟踪监测，但监测工作尚缺乏完整的技术体系，尤其是对滨海电厂温排水的污染损害影响没有形成评估技术体系。

    《我国滨海电厂温排水生态影响监测与评估》一书系在海洋行业公益性科研经费专项"滨海电厂污染损害监测评估及生态补偿技术研究"（项目编号：200905010）的研究成果基础上编写而成，是我国有关滨海电厂温排水监测与评估研究的新成果。作者精心谋篇布局，以滨海电厂温排水（余热、余氯、核素）对海洋生态环境的污染损害影响为重点，提出建立我国滨海电厂温排水污染损害业务化监测与评估的技术体系；通过调查分析、实证研究与示范应用相结合，构建了完整、清晰的滨海电厂温排水生态影响监测与评估的理论架构。全书分为三大部分：滨海电厂温排水对海洋生态环境影响分析；滨海电厂温排水生态影响实验与监测技术-数值模拟技术-生态损害评估技术；监测与评估技术的应用。该书的出版将为我国滨海电厂温排水温升的业务化监视监测与评估管理提供有力的技术支撑。

    作者长期从事海洋管理与业务化技术研究，将海洋行业公益性科研经费专项的研究成果与实践知识相结合，整理出版，以飨读者。相信该书对于广大从事海洋科学、生态学、环境科学研究的科技工作者、教学人员以及从事海洋规划、海洋管理与政策研究的工作者来说，是一本有益的参考书。希望该书的出版能吸引更多的专家学者和管理人士进一步关心与支持我国海洋环境保护事业，为我国海洋生态文明建设作出贡献。

中国工程院院士

2014 年 10 月 31 日

前　言

　　滨海电厂温排水是一个稳定的热水流，挟带着大量的热量注入受纳海域水体，形成一定区域的温升场（水温高于自然水温 8～10℃）。它具有三维空间分布，既有瞬间的变化，又有明显的季节和周年变化。温排水对海洋生态环境的影响具有复合性、多变性、潜在性、累积性等特征。滨海电厂温排水进入水体局部海域，海洋生态环境将受到温升、余氯、核素（核电厂）的影响，成为一种既有能量，又有污染物质和机械损伤等的复合污染体。

　　1984 年，联合国海洋污染专家组（GESAMP）撰写了"Thermal Discharges in the Marine Environment"报告，总结了世界各国科学家近几十年在温排水领域的研究成果。其成果对海洋生态环境的影响引起了各沿海国海洋环境学家的高度关注，同时他们提出了重要研究课题。20 世纪 80 年代初，我国科学家就开始了滨海电厂温排水对邻近海域生态影响的调查研究，在现场监测和实验研究、遥感监测技术、数值模拟技术、温排水温升评估标准以及生态影响评估技术等方面取得了相关的研究成果。

　　随着我国电力工业的快速发展，滨海大型热（核）电厂发展很快，装机容量增长速度居世界首位。据初步统计，东海区三省一市滨海电厂温排水每年排海热量约 29.245×10^{14} kJ（约 9900 多万吨标准煤）。如此大量的热量通过冷却水排放到周围水域环境中，会引起相应的海洋生态环境问题，这必将受到广大海洋科学家和海洋部门的极度关注。

　　目前我国对滨海电厂温排水监督管理的认识正在不断提高，该领域的法律法规、标准规范、管理措施（温排水收费、排污许可证等）尚不足以支撑对滨海电厂温排水的监管。技术支撑是管理的先行者，因而研究滨海电厂温排水生态影响监测与评估技术就显得很迫切。

　　本书是在海洋行业公益性科研经费专项"滨海电厂污染损害监测评估及生态补偿技术研究"（项目编号：200905010）的基础上，对专项研究的成果进行了筛选、归类和提炼；总结了滨海电厂温排水项目技术论证中的相关技术，编纂了《我国滨海电厂温排水生态影响监测与评估》。

　　全书共分 7 章，第 1 章概述了国内外滨海电厂温排水对邻近海域生态环境影响的现状以及监测与评估技术的进展，从研究成果中提炼了监测与评估的科学问题；第 2 章针对滨海电厂温排水对海洋水环境、海洋沉积物、海洋生物以及海洋生态灾害等方面产生的影响，进行了系统的分析，总结了不同环境下的差异特点；第 3 章介绍了滨海电厂温排水生态影响实验的方法，系在全国首次将海上围隔实验方法应用于温排水的监测和影响评估中，重点介绍了围隔实验的原理与方法，通过开展海上围隔实验分析了我国典型滨海电厂温排水在不同温升条件下对海水水质和海洋浮游生物的影响，阐述了余氯影响实验的设计、方法及对海洋生物的影响；第 4 章讨论了滨海电厂温排水影响区域监测范围确定、监测站位布设、监测指标设置、监测频率设定、监测方法与监测数据处理方法，形成了可供相关领域海洋工作者应用的技术方法；第 5 章系统地介绍了滨海电厂温排水数值模拟技术，阐述了不同海洋环境下不同数值模型的选用以及相关参数、系数（水面综合散热系数）的选取，通过热（核）电厂温排水数值模拟应用，总结了二维、三维数值模型的优点与特点；第 6 章提出了滨海电厂温排水海洋生态损害评估概念内涵，构建了海洋生态损害评估方法，开发了海洋生态损害评估系统；第 7 章介绍了象山港国华宁海电厂、胶州湾青岛电厂、田湾核电站、漳州后石华阳电厂等的案例应用，示范了温升计算方法、生态影响评价方法、余氯监测方法以及温排水海洋生态损害评估方法与评估指标标准值的选取。

　　本书是"滨海电厂污染损害监测评估及生态补偿技术研究"专项研究团体的集体劳动成果。作者经过一年多的策划、构思与整理，始成其稿。在本书撰写过程中，余宙文教授对全书进行了精心的指导与审阅，杨圣云、徐韧、鲍献文、韩树宗、杨红等专家给予了极大的帮助，在此表示由衷的敬意。对在"滨海电厂污染损害监测评估及生态补偿技术研究"专项中付出辛勤劳动的全体参与人员，以及在本书编写过程中辛勤劳作的赵瀛、邓邦平、余静、常小军、王丹等同志致以衷心的感谢，他们的辛苦为本书的撰稿与出版提供了坚实的基础。

　　限于作者的学识水平与经验，书中不妥与不足之处在所难免，敬请专家和读者不吝指正。

作　者

2014 年 9 月

目　　录

第1章 绪 论

1.1 滨海电厂温排水对邻近海域生态影响

1.1.1 滨海电厂发展趋势及海水冷却水对环境的影响

随着我国经济和社会的快速发展,电厂工业增长速度日益加快。到 2009 年年底,我国电站的总装机容量仅次于美国,但装机容量增长速度居世界首位。无论装机容量或发电量,长期将仍以火/核电厂为主。根据中国电力企业联合会发布的《2008 年全国电力工业统计快报》,全国年发电量为 34334 亿 kW·h,其中火力发电量为 27793 亿 kW·h,约占全部发电量的 80.95%,同比增长 2.17%;核电发电量为 684 亿 kW·h,约占全部发电量的 1.99%,同比增长 8.79%。

2002 年以来,电力工业经历了体制改革和快速发展的特殊时期,电力结构和技术水平发生了很大变化。300MW 以上规模的机组得到了迅速发展,有力地支持了国民经济的快速发展。火、核电厂由于提供热机冷源和各种设备冷却降温的需要,在火、核电厂运行过程中需用大量的冷却水连续供应。为了满足电厂对海水冷却水的大量需求,国家电力工业部及各沿海省、市相继在河口或沿海地区建设了一批滨海电厂,近年来建大型热(核)电厂的数量不断增加。目前,我国所有的核电厂厂址均位于沿海。

根据国家发展与改革委员会、海洋局和财政部 2005 年 7 月发布的《海水利用专项规划》,每年全球直接利用海水作工业冷却水的总量为 6000 亿 m^3 左右;我国 2003 年利用海水作冷却水的用量为 330 亿 m^3 左右,应用最多的行业是电力、石化、化工等,其中电力企业利用海水作冷却水的量占全国海水作冷却水总量的 90% 左右;至 2020 年,我国海水直接利用能力将达到 1000 亿 m^3/a。按温升 8℃计算,进入水体的热量将达到 $7.56×10^{17}kJ$,折合标准煤 1.1 亿 t。对应于冷却水量的大幅增加,冷却水引起的环境问题越来越多,也越来越复杂。

就现有技术条件来看,火、核电厂的能量转化效率比较低。火电厂大约 40% 的热能被转化为电能,约 60% 的热量被排入海水和空气中;核电厂转变成电能的能量更低,只占约 32%,其余 68% 则排入海水和空气中。在近岸、海湾等水资源充足的条件下,从取水口进水,经过电厂内部后的"热水"直接于排水口排放,或者采用循环供水或部分循环供水的方式将来自电厂的"热水"经过冷却降温,再抽回电厂循环使用。作为机组冷源,冷却水经过热交换器后,温升 8~10℃,成为"温水"流出。温排水具有热量大、水量大的特点。一般说来,百万千瓦级的火电厂,需冷却水量为 30~40m^3/s,同级核电厂需冷却水量为 50~60m^3/s。运行中的火、核电厂的热效率比较低,一般由冷却水带走的能量为发电量的 1.4 倍(火电)至 2.5 倍(核电)。据不完全估算,仅东海区三省一市滨海电厂温排水每年排入海水的热量约 $29.245×10^{14}kJ$,折合 9900 多万吨标准煤。如此大量的热量通过冷却水排放到周围水域环境中,会引起相应的海洋环境问题。

滨海电厂以周围自然海水作为冷却水体，为了防止水生生物对冷却系统的阻塞，因此采取连续或间歇添加液态氯来除去污损生物或降低生物附着活性，从而使得其在我国电厂冷却系统中得到普遍应用。余氯及其产物具有强氧化性，除能抑制水生生物生长外，还能与水中的无机物和有机物反应产生有毒的副产品，如冰溴酸、溴仿等卤化物或其他有毒物质。另外，核电站排放的低放射性废水进入海水以后，其随着水团的运移和扩散作用而被进一步稀释。一部分被海洋生物的摄食作用而吸收富集，另一部分则被海洋悬浮颗粒物所吸附，并随着沉降运动进入海洋沉积物中。由于很多放射性核素具有颗粒活性，所以海洋沉积物对放射性核素的累积和富集也受到很多专家的重视。

1.1.2　滨海电厂温排水与热污染

当前我国的电力建设，每年新增的装机容量和电厂温排水带入自然水域的热量均居世界首位，大型火、核电厂或电厂群大量排热导致的生态环境影响已日益引起重视。火、核电厂的气体排放会使大气近海面层气温升高，同时电厂温排水挟带相当多的热量被排入各种不同的受纳水体中（海洋、河口、河流、湖泊等），使该水体水温升高，产生对水生态系统的热影响（thermal effect）（金岚，1993）。这种影响包括有益、有害两个方面。温排水对水生态系统造成的大量、复杂、直接、间接的影响，大多数需要较长时间才能显现出来。而温排水排放特点是总排放量很大、热密度很小、属低温废热、温度随季节而变化。

当温排水对水生生物产生伤害作用时，也就会对受纳水体生态系统产生不利影响，这种情况称为热污染（thermal pollution）（金岚，1993）。不是所有的热排放都会产生不利影响，因此，不应将热排放所致的水体增温统称为热污染。20世纪60年代末，美国国家环境保护局（EPA）为制定"水质评价标准"，组织有关单位和学者研究废热排放对水生生物的影响。70年代中期，国外很多学者以现场为对象做综合性跨学科的研究，认为废热的排入导致受纳水体特性的改变，通常是趋于不利的效应，从而对热污染的概念更具体化了。1976年国外公害资料报道中热污染的定义是：热污染使水体温度升高，增加其化学反应速率，并影响水生生物的繁殖率；氧的溶解度随温度升高而降低；水的密度和黏度下降，并能加速粒状物的沉降速率，影响河流中悬浮物的沉降速率及河流挟带淤泥的能力（金岚，1993）。

滨海电厂循环冷却水中赋存的余热量十分巨大，温排水可引起严重的热污染。一般情况下，滨海火、核电厂温排水的温度一般比环境受纳水体温度高8～10℃。在局部海区，如果温排水常年注入，就会产生热污染的问题。

尽管世界上大多数海区的热污染还不十分明显，但已经发生了一些热污染的危害事件。据报道，全球因为热污染导致嗜热性生物致病的病例在不断增加，至今全球已经有400多例与福氏耐格里（*Naegleria fowleri*）感染有关的神经系统疾病，并导致病人死亡。这些疾病的产生是因为病人接触了热排放污染的河流、海水以及污水等，这些场所发现有大量的福氏纳氏阿米巴虫繁殖生长。随着气候变暖和沿海热排放规模加大，这一类污染导致的病原虫致病事例将会增长（金岚，1993）。

1978 年夏季，我国望亭发电厂的温排水直接排入望虞河，使水温高达 40℃以上，造成渔业损失 73t，三水作物损失 1.8 万 t，蚌珠损失 4.4 万只（金岚，1993）。装机容量大的电站，有时还会引起大范围水域内生物的消失。例如，美国佛罗里达州的比斯坎湾，一座核电站排放的温排水使排水口处水温增加 8℃，造成附近 1.5km 海域内生物消失（金岚，1993）。

此外，我国台湾核二电厂排水口附近发现"秘雕鱼"（这些鱼的脊柱呈规则性的上下左右双 S 型弯曲，有的眼睛还向外凸）和核三电厂附近在夏季出现"珊瑚白化"现象（共生藻死亡或脱离珊瑚体外，整株珊瑚会失去色彩而显现出白色骨骼），这些现象足以引起公众对温排水的高度关注。

1.1.3 滨海电厂温排水的特征

滨海电厂温排水是一个稳定的热水流，每秒都将挟带大量的热量注入受纳水体，使排水口附近一定体积的水温高于自然水温 2～10℃，这一区域称为温度场。它呈三维空间分布，既有瞬时变化，又有较明显的季节和周年变化规律（金岚，1993）。温排水对海洋生态环境的影响具有复合性、多元性、正负两面性、非污染性、潜在累积性等特征。

首先，温排水是一种既有能量，又有污染物质和机械损伤等的复合污染体。对于管道冷却水而言，水体的生物会受到机械卷载、温升、余氯的三重影响。温排水进入邻近海域之后，水体局部海域的海洋生态环境会受到温升、余氯的双重效应，未使用余氯作为防污损生物附着的，其他物质也会和温升一样对周围海域产生协同效应。对于核电站而言，还存在放射性核素对海洋生态环境污染的问题。

其次，与船舶溢油、化学危险品等其他污染物质相比，温排水导致的海洋生态环境影响不仅是负面影响，而且具有正反两面性。温排水的排放对邻近海域的影响却因季节、温升幅度以及生物的不同而产生不同的影响。例如，在高温的夏季，温排水的排放使周围水体强增温（$\Delta T > 3℃$），其对海洋生态环境产生的影响是不利的、负面的、消极的；而在其他季节，如冬季，温排水的排放使周围水体适度温升（$\Delta T < 3℃$），可以增加水体中浮游生物的种类和含量，其对海洋生态环境产生的影响是有利的、正面的、积极的。而机械卷载、余氯等对冷却水水体中浮游生物、鱼卵仔鱼的损伤，乃至对海洋生态环境产生的影响，无可争议是负面的、有害的。

再次，温排水属于冷却水，它对于水体的影响与化学污染物质不同。一般的化学污染是向水体输送化学物质，当化学物质累积到一定程度，可以使水体丧失原本的使用功能，而温排水是向水体输送热量，属于物理性质的影响。温排水挟带了大量的热量进入水体，引起温升的影响主要局限于排水口附近的局部区域，且不会在评价水域中产生污染累积效应，因为由温排水导入海水的热量最终将通过潮流带到外海和通过海面散热完全排放到大气中。

最后，温排水对水域生态环境热影响存在潜在性、累积性。电厂温排水排放对水域乃至生态系统的影响看起来似乎不及一般常说的化学物质水污染危害大，但其是多方面的、长期的。当然更应看到，热污染的危害更多且更主要的是从根本上、整体上改变水体理化特性，进而严重影响水生态系统的结构和功能。

1.2　国内外研究进展综述

1.2.1　温排水对海洋生态环境影响研究进展

1. 温升对海洋生态环境的影响

一般来说，滨海电厂排放的温排水温度比受纳水体高 8～10℃。大量的温排水排入海洋，首先引起水体温度升高，其次是因水温升高后导致的多种理化性质的改变，最受关注的是水体中溶解氧含量的变化。从文献资料来看，研究温排水对海洋水体溶解氧含量变化的影响的资料较少，而研究温排水对湖泊、水库的影响的资料较多，但两者的作用机理相同，都对研究温排水对海洋生态环境的影响具有一定的借鉴与指导意义。例如，徐镜波（1990）研究了大伙房水库的水温和溶解氧的关系，分析认为：除底层外，水库表层溶解氧含量与水温呈负相关，增温水体每升高 6～10℃，表层溶解氧含量要减少 1.0～3.0mg/L；水温低于 40℃ 时，溶解氧含量仍大于 4.0mg/L。盛连喜和孙刚（2000）研究了电厂热排水对三个水库水体溶解氧含量影响，其研究结果与徐镜波（1990）的基本一致，但同时指出，由于水库水温升高造成水体分层，深层溶解氧含量相当低。胡国强（1989）研究认为水温升高还会加速底泥中有机物的生物降解，使耗氧量增加，加重水体的缺氧。

水体中硝酸盐、磷酸盐、硅酸盐是水生生物生长和繁殖的重要营养因素。根据对湖泊、水库的影响研究结果，温升会使氨氮、总磷含量增加，增温区的硅酸盐含量较自然水温区高（金岚，1993）。许炼烽（1990）研究认为，电厂温排水的大量排放，使水域中溶解氧减少和水体自净能力下降，促进底泥中磷的释放，使水中氮磷比更趋于适合富营养化特征藻类的增殖需要，在某种程度上加速了富营养化的发生。温升还能引起水体的 pH 及总硬度等指标的变化，从全年平均状况来看，温排水会使水体的 pH 增大，非离子态氨（NH_3）的含量也会随着水温和 pH 的升高而增高（徐镜波等，1994）。盛连喜和孙刚（2000）报道，非离子态氨对水生生物有害，其含量随着水温的升高而升高。Chen 等（2000）报道，热排放还有可能使水色变浊，透明度降低，氨氮含量增高，水质矿化度增高，总磷、总氮含量增高。

据报道，水温增高会使一些毒物的毒性增高，如水温由 8℃ 升高到 18℃ 时，氰化钾对鱼类的毒性将增加一倍；水温增至 30℃ 时，铜、锌、镉 3 种金属离子对浮游动物和底栖动物的毒性增加 2～4 倍。Friedlander 等（1996）的研究表明，热污染可使水体中产生有毒物质的毒性增大、腐殖质增多、水体恶化等环境效应。

水温对海洋生态系统和各类海洋生物活动起着极为重要的作用，它对生物个体的生长发育、新陈代谢、生殖细胞的成熟及生物生命周期都有显著的影响。在自然条件下，海洋水温的变化要比陆地和淡水环境小得多，因此海洋生物对温度的忍受程度也较差，热污染对它们的影响更大，且即使温度变化很小，但作用时间长期持续，对海洋环境的影响也是不可忽视的。滨海电厂温排水邻近水域温度升高，进而使溶解氧含量降低，这将会对生物产生不利影响，特别是在夏季，高温对生物的胁迫作用会因温排水的升温而强化，加之溶解氧含量减小会造成生物的缺氧，甚至窒息。

浮游植物处于整个食物链的底端，极易受到温度变化的影响，其结构变化必然会影响整个生态系统。Blake 等（1976）研究发现，温升 3℃，蓝绿藻将成为佛罗里达州坦帕湾海水中浮游植物的优势种。Anderson 等（1994）研究认为，从 0℃升温到 10℃后，波罗的海南部海域的浮游植物群落由典型的春季种群（硅藻和甲藻为优势种）向夏季种群（自养兼异养的鞭毛虫为优势种）演替。Chen（1992）指出，温排水作用的季节性作用明显，尤其在夏季热效应影响较大，会使某些藻类暂时消失，使浮游植物的基本种类组成发生改变。曾江宁（2008）对象山港国华宁海电厂温排水对海洋生态影响的试验表明，随着水温的升高，浮游植物群落的优势种逐渐变为耐热性较强的物种。但亦有相关研究表明，温排水对浮游植物的种类和数量有一定的促进作用，如彭云辉等（2001）研究发现，大亚湾核电站转运后受纳水体中浮游植物量比运转前高 1 个数量级；金腊华等（2003）报道，当水体适度增温（$\Delta T < 3℃$）时，群落中的种类数增加，其中浮游植物的种类数平均增加 50%；刘胜等（2006）研究发现，大亚湾核电站运行后浮游植物种类较丰富，甲藻与暖水性种类的数量增多。

温升对浮游动物的分布和生活习性的影响，因增温的幅度不同，其产生的影响亦不同。水温升至 30℃以上，在强增温水域（$\Delta T > 3℃$）时，大多数浮游动物停止繁殖，甚至死亡或种类灭绝；在中增温水域，浮游动物的产量可能增高也可能降低；而在弱增温水域（$\Delta T < 3℃$）中，多数情况下不会对其种群有不利影响，浮游动物的种类、数量和生物量都有所增加，在冬季尤为明显（邹仁林，1996）。金腊华等（2003）研究认为，在水体强增温（$\Delta T > 3℃$）时，水生生物群落中种类开始减少，特别是夏季，即水温超过 35℃时，浮游动物的种类和数量都会减少，群落多样性降低，有些种类的数量明显减少，而个别耐热种数量增多，并成为优势种；而当水体适度增温（$\Delta T < 3℃$）时，浮游动物的种类数平均增加 76%。Roemmich 和 Gowan（1995）研究认为，1951 年以来，南加利福尼亚海域大型浮游动物生物量降低了 50%，造成这种现象的直接原因便是海水温度的升高。海洋桡足类是次级生产力的主要承担者，占浮游动物净生物量的 60%～80%，其在生态系统的物质循环与能量流动中起着重要作用。有研究表明，夏季海水温度普遍较高，轻微的温升即可对桡足类的生存造成较大影响。例如，Hoffmeyer 等（2005）发现，在阿根廷巴伊亚布兰卡港河口区，4 个季节中温排水引起的汤氏纺锤水蚤（Acartia tonsa）死亡率，以盛夏季节最高、冬季最低。金琼贝等（1991）等室内模拟试验表明，当水温超过 30℃，随着温度的升高，桡足类生物量显著降低。对印度滨海电厂的调查结果也表明，电厂运行后，桡足类的生物密度显著降低，而电厂关闭后，邻近水体恢复到自然水温，桡足类的种群数量也得以恢复（Suresh et al.，1996）。

底栖动物迁移能力相对弱，在受到热排放冲击的情况下很难回避，容易受到不利的影响。在自然高水温情况下若再提高水温，动物生长有可能受到抑制或导致死亡，主要反映在强增温区底栖动物的消失；而在自然水温低的情况下，底栖动物种类和数量会增加。胡德良和杨华南（2001）研究指出，湘潭电厂温排水对底栖生物的不利影响主要是高增温区（$\Delta T > 6℃$）会减少底栖动物栖息地；在 7～9 月高温季节还会使丰度和生物多样性指数下降；而在自然水温 <26℃ 的季节里，中、低增温区（$\Delta T < 4℃$）底栖动物种

类和数量比自然水体丰富，多样性指数值较高。许炼烽等（1991）通过室内控温实验研究认为，温升不利于近江牡蛎的生长，其生长量随着温度升高而降低，当水温>30℃时，牡蛎的性腺成熟减慢和孵化率明显降低，畸形率升高，从而影响到牡蛎的繁殖。钱树本和陈怀清（1993）研究发现温排水改变了底栖海藻的群落结构，大量种群消失，而刺松藻等个别海藻的生物量却提高了。王友昭等（2004）研究发现，大亚湾，特别是西部水域（核电站附近），底栖生物种类明显减少，尤其是夏季。还有研究表明，大亚湾核电站温排水会造成珊瑚白化或者褪色现象，甚至会导致珊瑚停止生长（陈镇东等，2000）。

大量余热进入受纳水体后，会改变鱼类等水生生物在水体中的正常分布，引起群落结构的变化，甚至会引起鱼类异常发育事件的发生，对某些有洄游习惯的鱼类造成严重影响。Sandstroem 等（1997）研究发现，核电站的温排水使鲈鱼生长能力降低，在其个体很小的时候就成熟，产卵时间提早，产卵期延长，尽管受精率提高了，但很少有受精卵能正常发育至孵化。林昭进和詹海刚（2000）研究发现，大亚湾核电站温排水对整个大鹏澳水域鱼卵和仔鱼的总数量及其季节变化均无明显影响，对鱼卵死亡率的影响也不显著，但鱼类的种群结构发生了一定的改变，如小沙丁鱼（*Sadinella* spp.）鱼卵和仔鱼数量明显增多，斑鰶（*Clupanodon punctatus*）和鲷科（*Sparidae*）鱼类的鱼卵和仔鱼数量显著减少。研究还发现，热排放对邻近水域鱼类的产卵活动影响较为明显，而对仔鱼的生存及分布影响不大。此外，不同增温区对鱼类的影响也不同，通常增温>3℃对某些鱼类的危害比较明显，如大亚湾核电站运行后邻近水域中银汉鱼科的仔鱼消失，河鲈的数量迅速减少，有些种群变化会表现出滞后效应；增温幅度<3℃对鱼类则表现出有利的影响，一定范围内种群数量随水温升高而提高，并且鱼类的迁入增多、迁出减少，其个体数量也增加（蔡泽平和陈浩如，1999；姜礼燔，2000）。金琼贝等（1989）研究表明，强增温区抑制了饵料生物的生长而导致鳙鱼生物量低于弱增温水体和自然水体。

2. 余氯对海洋生态环境的影响

滨海电厂冷却水中的余氯通过排放系统进入海洋环境中，在pH>7时主要产物为氯胺，但其衰减速度较快。刘兰芬等（2004）的余氯衰减实验表明，在不考虑环境水的稀释作用，排水口余氯含量经过 20h 后由 0.25mg/L 衰减至 0.01mg/L，远比在自来水中的衰减速度快。由于余氯衰减很快，且影响范围有限，若在考虑温排水热污染影响的前提下，余氯对邻近海域的影响是有限的。

研究表明，进行氯化的冷却水，其排放口邻近海域的浮游植物的光合作用和呼吸作用受到抑制，初级生产力下降。Eppley 等（1976）通过实验研究了余氯对海洋浮游植物初级生产力的影响，发现当初始余氯浓度为 0.1mg/L 时，经 2~4h 后浮游植物的光合作用速度下降了 50%；而 0.01mg/L 的初始余氯浓度经 24h 后也使浮游植物的光合作用速度下降了 50%。Langford（1988）研究表明，0.2mg/L 的氯可以直接杀死冷却水中 60%~80% 的藻类。Shafiq 等（1993）发现印度东部海岸某一电厂排水口的初级生产力显著低于进水口，当余氯浓度为 0.05~0.20mg/L 时，排水口的初级生产力降低 30%~70%；当余氯浓度为 1.10~1.50mg/L 时，初级生产力降低 80%~83%；而冷却系统不加入余氯时，仅降低 16%~17%。电厂温排水中的余氯对邻近水域中的浮游植物的影响（以 0.01mg/L

为阈值）可达数千米范围。Eppley 等（1976）曾估算 San Qnofre 电厂温排水对邻近水域有机碳的损失达到 15～30kg/d。

　　浮游植物具有较强的恢复潜能，但余氯的排放可能导致浮游植物群落的优势种发生更替。Saravanane 等（1998）在滨海电厂排水口有效氯浓度控制在 0.2～0.5mg/L 时，将取水口、冷却管内、排水口的 3 份水样进行室内培养，硅藻的初始浓度分别为 413 个/ml、352 个/ml 和 381 个/ml，达到同一细胞密度（$6.7 \times 10^4 \sim 8.3 \times 10^4$ 个/ml）分别需要 3d、6d 和 8d，说明余氯对浮游植物的损伤能得到较快恢复。但恢复后的浮游植物种类组成发生了变化，电厂取水口、冷却管内、排水口水样的藻类培养试验表明，透明海链藻（*Thalassiosira*）在培养初期所占比例与其他浮游植物接近，但在冷却管内和排水口水样的培养后期却成为优势种，优势度达到 100%。此外，不同水质条件下，氯对浮游植物的影响程度不一。当海水中总颗粒物和溶解有机碳占比例较高时，大量活性氯被消耗，同样浓度的氯对浮游植物的影响较小。

　　浮游动物虽是水生生态系统的重要组成部分，但目前对浮游动物受氯影响的研究报道较少。浮游动物对氯较敏感，较低浓度的氯即可对浮游动物产生明显的影响。浮游动物对余氯的敏感程度与水温密切相关，温度高时，敏感性提高，即余氯对水生动物的毒害作用增强。例如，桡足类汤氏纺锤水蚤的 48h 半致死浓度（LC_{50}）余氯浓度为 0.029mg/L。Capuzzo 等（1976）用美洲龙虾蚤状幼体进行研究，也发现在相同浓度下，30℃条件下的死亡率明显高于 20℃条件下的。Cairns 和 Dickson（1977）认为温度的升高将使生物的代谢加强，从而增加了对氧的需求，而余氯抑制了氧的供应，结果使生物因缺氧窒息而死。浮游动物受余氯连续暴露影响的浓度低于间歇暴露的浓度。

　　余氯可造成贝类滤食率、足活动频率、外壳开闭频率、耗氧量、足丝分泌量、排粪量等亚致死参数的降低，从而使贝类失去附着能力。当余氯浓度低于 1mg/L 时，贝类仍可以打开外壳进行摄食，但摄食速率降低；当余氯浓度更高时，贝类便被迫关闭外壳，依靠体内积蓄的能量和缺氧呼吸作用生存，直至能量完全消耗或代谢废物达到毒害水平。Klerks 等（1996）通过实验研究表明，0.5mg/L 浓度的余氯可以使斑马纹贻贝（*Dreissena polymorpha*）幼体在 2h 内全部死亡。余氯对贝类的影响存在体龄、物种和季节等差异。

3. 机械卷载对海洋生物的影响

　　除温升、余氯外，温排水产生过程中还伴随着对海洋生物的机械损伤。因冷却吸入大量海水，经挡网、水泵、冷凝器后，水中挟带的浮游生物、鱼卵、鱼苗、幼鱼可能受到伤害，导致死亡。研究显示，卷载效应对浮游动物损伤率较浮游藻类高。据 Robert 等（1957）的调查，被卷载的浮游动物几乎 100%被杀死，但同时指出，仅在排水口邻近水域见到其数量减少外，距排放口不远的水域其数量却明显增加，由于这样的区域水温适宜，浮游动物的数量常比取水口高出几倍甚至几十倍。沈楠（2007）研究发现，长山热电厂取排水浮游动物的卷载损伤为 67.6%～75.5%，浮游动物中尤其是枝角类因体积较大而损伤较大。盛连喜等（1994）研究发现胶州湾青岛电厂对浮游藻类的机械损伤率为 11.98%～27.08%，浮游动物损伤率为 31%～90%，受损最重的类群是桡足类和无节幼虫。盛连喜等（1994）研究了胶州湾青岛电厂冷却水系统对梭幼鱼和虾仔虾的卷载致死率，对梭幼鱼的致死率范围为 63.4%～78.8%，对虾仔虾致死率范围为 28.3%～66.9%。Lacroix 对法国海岸格拉弗林核电站进行了长期观察和研究，发现被挟带进入冷却水系统的鱼卵、仔鱼大部分的死因是机械作用造成的，占总死亡率的 75%～90%（李沫和蔡泽平，2001）。

4. 其他影响

对滨海核电站而言，还存在放射性核素对海洋生态环境污染的问题。放射性元素 ^{137}Cs、^3H 和 ^{58}Co 是核电站运行需要重点监测的潜在污染因子。^{137}Cs 由于其半衰期比较长（30.17a），更有可能通过食物链转移进入人体，也由于 ^{137}Cs 测量方法比较成熟，其在核设施环境监测中最受重视。刘广山和周彩芸（2000）研究结果表明，大亚湾核电站运行一年后海洋生物、海水和沉积物中的 ^{137}Cs 含量没有明显变化。

1.2.2 温排水生态影响相关技术研究进展

1. 监测技术研究进展

随着国内外经济的发展，大量滨海电厂逐步建成，国内外众多海洋环境学家从 20 世纪 70 年代开始就有关滨海电厂温排水对邻近海域的影响进行调查和研究。1984 年，联合国海洋污染专家组（GESAMP）撰写了 "Thermal Discharges in the Marine Environment" 报告，总结了世界各国科学家近几十年在温排水领域的研究成果，温排水以及其引起的水质、生态环境影响的研究已成为世界各国海洋环境学家密切关注的重要课题。

电厂温排水对水生生态的影响一直是环保领域的重要问题。国内外所开展的温排水对生态系统的影响研究，所采用的方法基本归纳为现场观测和实验研究、遥感观测等。以美国、加拿大为代表的发达国家对此问题关注较早，20 世纪 50 年代开始，陆续开展了一系列水环境热影响的现场调查工作，并进行了水质及生物分析。

（1）现场监测和实验研究

国外学者在电厂温排水对邻近海域环境的影响方面所做的调查和研究工作较多。1977 年 Hammar 等研究了温排水对鲶鱼的影响。1990 年 Downey 等对佛蒙特州扬基核电站对环境影响做了评估。Kokaji（1995）对日本的核电站的热排放现状进行了研究，并对核电站热排放对环境的影响进行了评估同时提出了废热利用的设想。Hamrick（2000）就核电站对科诺温戈池塘水温的影响做了研究。Ringger 调查研究了位于马里兰的卡尔弗特悬崖核电站的冷却水取水对水生生物的冲击和影响。印度的 Poornima 和 Rajadurai（2005）通过实地观测和实验结合的方法，就温排水对沿海地区浮游植物的影响情况做了研究。Saravanan 等（1998）就热带沿海电站对微生物繁殖的影响做了研究。

国内，也有许多学者进行了大量的研究。金腊华等（2003）通过现场调查和实测资料，分析了湛江电厂排水口及邻近海域的温升分布，并分析了温升对浮游生物和鱼类的影响。刘胜等（2006）根据大亚湾核电站运行前后的环境与浮游植物的相关资料，对其环境变迁与生物相应进行了分析，核电站运行后大鹏澳区平均水温上升约 0.4℃。徐晓群等（2008）通过现场调查和实验，研究了浙江嘉兴电厂温排水对邻近海域浮游动物的影响。江志兵等（2009）通过室内胁迫实验，研究滨海电厂冷却系统热冲击和加氯对浮游植物的影响程度。张穗等

（2000）调查了大亚湾核电站余氯含量排放，并分析了余氯对邻近海域环境的影响。

从现有的技术资料来看，温升没办法直接测量，只能通过现场监测的温度和对照点之差计算得来，主要是根据《海洋监测规范》（GB17378.7—2007）检测海水温度，通过与对照站的比较，计算温升。至于计算得来的温升的精确性和准确性涉及的因素很多，如对照站选择的位置，监测海水温度时的潮时、季节、气象等。因此，基于海洋调查规范等技术资料在对照站的选择原则、海水温度的校正方法等方面还有待进一步研究。

（2）遥感观测

遥感是一种估算海表水温（SST）的有效手段。目前，国内外遥感 SST 反演主要利用热红外（TIR），包括中红外（MIR，3～6μm）和远红外（FIR，6～15μm）数据，以及被动微波遥感数据（1mm～1m）。

美国国家海洋和大气管理局气象卫星（AVHRR）及中分辨率成像光谱仪（MODIS）热红外数据虽已被广泛应用到全球 SST 的反演中，但其波段数据空间分辨率均为 1.1km，在近海岸及陆地水环境中的运用显得过于粗糙，使得它们在地形复杂的近海 SST 反演的应用受到限制。Tang 等（2003）曾应用 AVHRR 数据对大亚湾核电站的温排水的季节变化特征进行了监测，但其空间分辨效果不太令人满意。Landsat 卫星[①]数据在滨海地区具有很好的应用，热红外波段不仅具有较高的空间分辨率（TM[②]为 120m，ETM+[③]为 60m），而且也有较高的温度分辨率。覃志豪等（2001）针对 TM6 数据提出了单窗算法（single-window algorithm，SWA）。刑前国等（2007）曾应用 TM 数据提出了大气校正算法并进行近岸 SST 的反演。吴传庆等（2006）利用多个时相的 TM 数据热红外波段影像，对大亚湾核电站温排水水域进行了水温的反演，并对核电站温排水强度、扩散范围和环境影响进行了有效的评价。

卫星遥感测量的优点是可以经济、快速地获取大区域温度场的特征数据，但由于空间分辨率所限，不能用于小区域的温度场变化测量，也不能对海岸造成其邻近海域温度场的影响进行有效的测量。航空遥感技术的优点是可以获得温排水区域的高精度温度数据，最大分辨率可达 10m。同时，还可以有效地测量海岸及其邻近海域温度场的影响。但该方法需要进行多个时间段的测量，而且费用很高，结合潮汐的飞行操作难度大，其具有一定的风险性。因此，卫星遥感测量可用于核电站运行前的大范围海域温度资料调查，而航空遥感技术则可以进行小面积测量区域的典型季节、典型潮汐状况的水温调查，从而提供全面、高精度、典型潮汐时刻的温度场特征数据。

目前，航空遥感技术已被应用到大亚湾、秦山等核电站周围海的温排水调查中。例如，张文全和周如明（2004）利用遥感资料对大亚湾核电站和岭澳核电站循环冷却水排放的热影响进行了分析。贺佳惠等（2010）利用航空热红外遥感技术方法，研究了秦山核电站温排水的污染扩散问题。孙恋君等（2011）研究以航天遥感测量为主、航空遥感测量为辅、近海面实地测量为补充的方式获得了田湾核电站排放口邻近海域海面温度场特征分布。

---

① Landsat 卫星：陆地卫星。
② TM：专题制图仪（thematic mapper）。
③ ETM+：增强型专题制图仪（enhanced thematic mapper）。

2. 数值模拟技术研究进展

作为一种先进的研究手段，数学模拟方法也被引入温排水研究领域。温排水数值模拟包括两部分内容：一是潮流场的数值模拟；二是温度场的数值模拟。前者是计算温度场的基础，即想要准确地模拟温排水扩散的温升，就必须要对潮流场进行正确的模拟。

众多研究学者对潮流场数值模拟方法和温度场数值模拟方法进行了探讨和应用。华祖林和郑小妹（1996）、江洧（2001）等学者用物理模型的方法对这一问题进行处理，物理模型虽然是一种比较有效的方法，但是具体实施的造价太高。丁德文等（1995）学者采用经典的沿深度积分的二维海洋环流模式，用有限元方法求解，进行数值模拟。吴碧君和吴时强（1996）将二维平面热量输运平衡方程与通常的二维潮流场控制方程耦合求解，应用割开算子法解出二维流场与温度场。余明辉和裴华（1996）利用边界适用性较好的三角网格，运用割开算子法建立二维数学模型。

随着理论和实践的发展以及高速大容量计算机的出现，自 20 世纪 70 年代以来，三维海洋流体动力学的数值计算得到了推广和应用。在汕头港水域温排水扩散问题的解决中，黄平（1996）采用三维数值模拟，建立了汕头港水域温排水扩散的三维数学模型，并利用特征差分方法求其解，实际的计算表明，该模型算法程序简单，计算结果合理。韩康和张存智（1998）针对数值求解浅水方程中的难点问题，运用嵌套方法模拟计算了三亚电厂邻近海域潮流场，运用建立在对流扩散理论基础上的输运扩散模型，模拟了被动扩散过程，得出了温升场特征值。郝瑞霞和韩新生（2004）采用浮力修正的 k-e 湍流模型，三维离散型边界拟合坐标变换下的控制体积法，进行滨海电厂冷却水的潮汐水流和热传输的三维数值模拟研究，以泉州湾水域某核电厂冷却水工程为例，计算所得的该水域潮位、流速和流向与原体观测资料吻合良好，总体上认为温度场的计算结果与试验资料趋势一致。汪一航等（2006）基于 POM 模型[①]，应用了考虑 4 个主要分潮的三维数值模式，对电厂邻近海域进行了潮汐潮流三维数值模拟，得出排水口表层排放对海域的温升影响范围较小。此外，还有很多学者也做过温排水扩散方面的相关工作。

3. 温排水生态影响评估研究进展

（1）温排水温升评估标准

美国国家环境保护局（EPA）在 1976 年公布的标准中规定：在海水中，由于人为原因导致的海水最大可接受的标准是每周温度提高范围为 0～1.0℃，全年四季都一样；关于夏季排放区的温度上限，白天美国沿岸海域的最大平均温度值为 27.8～29.4℃，短时间内温度的最大范围值为 30.6～32.2℃（美国国家环境保护局，1976）。美国学者 Brett（1952）认为，在任何时候任何地方，水体的温度都不能达到 34℃，这是水生生物的最高温度极限。20 世纪 60 年代前后，欧美各国通过大量的实验和调查，相继指定了温升评价标准。例如，英国《防止河道污染法》中规定，温排水温度不能超过 26～28℃，温升不能超过 5℃；法国《环境法》中规定，河流温度不能超过 30℃；原苏联《卫生立法

---

① POM 模型：普林斯顿海洋模型（Princeton ocean model）。

纲要》中规定，夏季温排水引起受纳水体温升不得超过 3℃，冬季不得超过 5℃。

我国台湾有明确的温排水限值与温度混合区的规定：水体直接排放于海洋，其放流口水温不得超过 42℃，且距排放口 500m 处的表面水温升不得超过 4℃。世界银行对申请其贷款建造的热电厂，要求其温排水在初始混合和稀释区边界的温升不得超过 3℃，没有规定混合区边界的，则距排放口 100m 处温升不得超过 3℃，并且在此范围内不得有敏感的水生生态系统。

在评估标准和评价方法方面，我国科研人员一般采用多项指标或综合指标来评价，常采用的温度指标有：起始致死温度、最高致死温度、临界热最大值、最适温度、最高周平均温度等。在《景观娱乐用水水质标准》（GB12941-91）中规定，A 类和 B 类用水的水温不高于近十年当月评价水温 2℃，C 类水不高于近十年当月平均水温 4℃。我国《中华人民共和国海洋环境保护法》第三十六条规定：向海域排放含热废水，必须采取有效措施，保证邻近渔业水域的水温符合国家海洋环境质量标准，避免热污染对水产资源的危害。《海水水质标准》（GB3097—1997）按照海域的不同使用功能和保护目标，将海水水质分为四类，同时规定在第一、第二类地区人为造成的海水温升夏季不超过当时当地 1℃，其他季节不超过 2℃，在第三、第四类地区人为造成的海水温升不超过当时当地 4℃。

（2）生态影响评估技术

我国近些年开展了电厂温排水对环境生物影响的研究，如张维翥（1996）研究了核电站温排水对大亚湾鲷科（Sparidae）鱼卵、仔鱼分布的影响；林昭进和詹海刚（2000）就大亚湾核电站温排水对邻近水域鱼卵仔鱼的影响做了研究；陈全震等（2004）对鱼类热忍耐温度进行了研究；盛连喜等（1994）论述了胶州湾青岛电厂卷载效应对浮游生物损伤率的时空变化及受损后的恢复速度；徐兆礼等（2007）对机械卷载和余氯对渔业资源的损失进行了评估试探。

许多学者对溢油、海洋工程、围填海、海洋化学品泄漏等的生态损害评估技术进行了大量的研究，如高振会等（2007）撰写了《海洋溢油对环境与生态污染损害评估技术及应用》；杨建强等（2011）撰写了《海洋溢油生态损害快速预评估模式研究》；彭本荣等（2005）建立了一系列生态-经济模型，用于评估填海造地生态损害的价值以及被填海域作为生产要素的价值；张继伟等（2009）选择厦门海沧化工园区为典型案例区，以二甲苯为研究对象，采用数值模拟技术，对海岸带化工园区化学品泄漏的环境风险与生态效应进行了预测和识别，评估了海洋生态服务功能、水质、生物、潮滩生境 4 种对象的价值损失。这些研究方法以及案例应用为开展滨海电厂温排水生态损害评估工作提供了参考依据。

根据实践，山东制定了《山东省海洋生态损害赔偿和损失补偿评估方法》（DB37/T 1448—2009），该标准规定了海洋工程、海岸工程和污染物对海洋环境特别是海洋生物资源造成经济损失的评估方法。农业部于 2007 年发布了《建设项目对海洋生物资源影响评价技术规程》（SC/T 9110—2007），该规程中涉及了部分电厂温排水、含氯废水及卷载效应的生物资源影响评估，但比较笼统，可操作性不强。国家海洋局于 2013 年 8 月发布了《海洋生态损害评估技术指南》（试行），该指南规定了海洋生态损害评估的工作程序、方法、内容及技术要求，对海洋生态损害事件进行了界定，对海洋生态损害价值计算的原则进行了明确说明。从现有资料和有关文献来看，尚缺乏滨海电厂温排水对生态影响损害评估技术的专门理论研究，不过上述的研究成果，可为开展滨海电厂温排水对生态影响损害评估工作提供一定的参考。

1.2.3　海洋生态动力学研究进展及其在滨海电厂温排水中的应用探索

海洋的特殊性直接导致了海洋生态系统与陆地生态系统的巨大差异：初级生产力主要由 1～100μm 的浮游植物完成，次级生产力则仍由较小的 0.1～10mm 浮游动物完成。这样，潮流和环流等物理过程以及与营养物质相关的地球生物化学循环过程就成为影响生态系统结构及其变化的关键过程（唐启升和苏纪兰，2001）。

海洋生态系统模型是一种将各营养层物质和生物的分布与变化、有机物的产生与摄食条件、摄食和环境变化相关联的方法，是将关键物理过程、生物过程定量化研究的途径（苏纪兰和唐启升，2002）。与物理过程相比，海洋生物的化学过程要复杂得多，因此，生物的多样性和食物层次间能量转变的时空变化决定了一个适用于任何海域的海洋生态系统模型是不存在的。生态系统模型的建立必须以比较完善的物理环境场为基础，更要以翔实的观测资料为依托。

从生态模型的发展来看，可根据所研究空间结构的差异分为 3 种：箱式模型、水柱模型、垂向一维或二维模型以及三维模型。与箱式模型和垂向一维或二维模型相比，三维模型能模拟较为完整的物理环境下的生物过程，因此能够更加真实地定量研究海洋生态过程。

近几年出现的生态系统模型有很多，其更趋向于物理、化学与生物相结合，主要研究系统内能量流动、物质循环和信息流及其稳态调节机制。这种模型中较为突出的有两种：一种是欧洲区域海洋生态模型（European regional sea ecosystem model，ERSEM），其以生态系统中的能量流和物质流为研究主线，通过综合分析各个生物、化学变量的演变规律，突出了系统性建模和对区域实际生态系统模拟的重要性，其在一定程度上模拟了欧洲北海生态系统的总结构，并对各亚系统之间的相互作用以及系统中物质通量提供了新的认识；另一种是海洋生态系统动力学模型，其重在突出物理与生物相互作用机制的研究，及其对复杂的生态系统动力学的影响。最简单的包含浮游动物的生态系统模型，其仅含有 3 个变量：营养盐（N）、浮游植物（P）、浮游动物（Z），也称 NPZ 模型。在很多情况下，仅用 3 个变量来描述浮游生态系统是远远不够的，模型中可以含多种营养盐，浮游动物也可以由一个增加到几个。在 NPZ 模型的基础上，包含海洋碎屑（D）的 NPZD 生物模型也应用较多。目前，国际海洋界使用较多的海洋模式均包含生态模型模块，包括 FVCOM[①]、ROMS[②]、HAMSOM[③]等，且均比 NPZ 模型复杂和全面。

我国在海洋生态学研究上也开展了很多工作，近年来在过程及模型研究中，高会旺

---

① FVCOM 模型：非结构网格海洋环境与生态模型（finite-volume coastal ocean model）。
② ROMS 模型：三维区域海洋模型（regional ocean modeling system）。
③ HAMSOM 模式：三维斜压陆架海模式。

等（2001）略去物理因素作用，采用零维 NPZD 生物模型对渤海初级生产力年循环进行了分析与模拟，并对影响渤海初级生产力的几个理化因子进行了探讨；俞光耀等（1999）采用箱式模型对胶州湾浮游生态系统的物流动态特征及季节变化进行了模拟；张书文等（2002）采用一简单物理与生物耦合模式模拟了黄海冷水域叶绿素和营养盐的年变化；刘桂梅等（2002）通过数值模式研究发现，黄海春、秋季浮游动物中华哲水蚤的分布通常多位于锋区等；刘浩和尹宝树（2006）以包含太阳高度模型的物理生态耦合模式研究了渤海生态动力学模式；赵亮（2002）通过建立浮游植物生态动力学模型研究了渤海的浮游植物生态系统；李彦宾（2008）则通过现场实测和数值建模研究了长江口及邻近海域季节性赤潮生消过程控制机理。

早在 20 世纪 40 年代，国外就开始了温排水流场和水质影响变化的研究。我国学者从 50 年代开始着手相关研究，到现在已经有了比较成熟的技术体系。伴随着潮汐水域电厂冷却水的研究，温排水对海洋环境影响的研究也取得了较多的科研成果。於凡和张永兴（2008）总结了温排水对海洋生态系统中水体理化性质以及底栖动物、浮游生物、鱼类及邻近海域等因子影响的研究进展，分析了目前研究中已经明确和存在分歧的结论，并指出今后在该问题上的研究方向。Chuang 和 Yand（2009）就沿海核电厂温排水对受纳水域浮游植物和附生生物的影响做了研究。赵瀛（2012）对象山港电厂开展了基于水动力条件下温排水热污染对浮游植物影响的研究。尽管如此，目前海洋生态系统模型在温排水的影响研究还处在初步阶段，尚需进行深入研究。

1.3　主要研究内容

滨海电厂温排水对海洋生态环境影响具有多重性、潜在累积性等特点，如何科学合理地监测与评估我国滨海电厂污染损害，已成为我国沿海地区乃至沿海世界各国可持续发展中的一个重大的科学问题。国内外学者对温排水研究也积累了丰富的研究成果，但是在温排水温升与余氯的分布、迁移扩散与影响，温排水的影响监测技术、数值模拟技术、生态损害评估技术以及生态补偿技术等方面还需进行深入研究和探讨。当然，温排水的生态累积影响及其相关温排水的管理制度等还需在技术深入研究的基础上转化为管理行为。

限于研究时间，本书重点研究以下几个方面内容：①主要滨海电厂温排水对海洋生态环境影响分析；②滨海电厂邻近海域温排水生态影响的现场围隔实验；③余氯对海洋生物影响的室内实验；④温排水生态影响的监测技术；⑤温排水的数值模拟技术；⑥温排水海洋生态损害评估技术；⑦示范应用。

本书中以上几个方面的研究内容并非面面俱到，而是有所侧重，突出重点，以希望给读者提供具有参考价值的资料。例如，在滨海电厂温排水对海洋生态环境影响分析一章中，重点对温排水可能影响的几个水质关键指标（温升、余氯、溶解氧、pH、总汞等）进行了分析，而没有对有些指标（硝酸盐、亚硝酸盐、铜、铅、锌、铬）展开讨论，对沉积物环境仅分析了硫化物、有机碳、总氮、总磷及总汞 5 个指标，对海洋生物的影响也是从关键指标（优势种类、密度、多样性指数等）入手；在滨海电厂温排水监测技术一章中，对温排水监测范围确定、站位布设、指标设置、频率设定及监测方法和数据处理方法进行了阐述，特别是对温升的计算方法进行了重点研究和探讨；在滨海电厂温排水生态损害评估技术一章中重点探讨了概念及评估方法；在监测与评估技术应用一章中，选取典型的滨海电厂开展了应用。

第2章 滨海电厂温排水对海洋生态环境影响分析

本章主要结合滨海电厂所开展的外业调查结果，以及收集到的滨海电厂建设前所开展的环境评价资料和后续的跟踪监测情况，选择了有代表性的几家电厂，详细分析了滨海电厂温排水对海洋生态环境的影响。滨海电厂温排水对海洋生态环境的影响首先体现在对水质的影响，其次影响较为明显的是排水口海域的沉积物、底栖生物，海洋生物中的浮游植物、浮游动物的种类和生物量也会因局部海域水温升高而受到影响，浮游动物因具有感知特性一般会游离温升区域，其受到的影响仅是生存空间分布的影响，最终导致排水口邻近海域生态系统发生改变。当然，不同电厂由于其装机容量、生产工艺、所处海域的水体特点等的不同，它们产生的生态环境影响也有差异。一般而言，对滨海电厂温排水的影响从水质、沉积物、生物等方面来进行阐述。

所选择的四家电厂分别是：田湾核电站、胶州湾青岛电厂、象山港国华宁海电厂以及漳州后石华阳电厂，还参考了宁德大唐电厂，每家电厂的概况以及所开展的外业调查情况如下。

田湾核电站按照一期和二期各两台进行规划设计，每台电功率为1000MWe级。一期工程的两台机组，于2007年5月和8月先后投入运行。核电站厂址位于海州湾南岸，海州湾潮汐属非正规半日潮型。海水冷却水系统是采用以黄海为水源和最终热阱的直流供水系统。一期工程取水量为$102m^3/s$，循环冷却水排水口底标高为–4.85m（黄海高程）。核电厂使用次氯酸钠溶液，防止海洋生物在管道内和排放口繁殖。大量的冷却水经过冷凝器后一般升温10℃左右。2010年12月20~23日（大潮）、28~30日（小潮）进行了冬季的调查，2011年7月2~3日（大潮）、7月7~8日（小潮）进行了夏季的调查。共布设水质站位17个、生物站位6个、沉积物站位6个、连续同步观测站位3个（图2-1）。

胶州湾青岛电厂始建于1935年，总装机容量为120万kW，为4×30万kW热电联产机组。电厂采用海水直流冷却系统，冷却水源为胶州湾海水，自沧口水道深层取水。排水口设在海泊河内，排水口轴线与海泊河岸线成45°朝胶州湾排放，外排循环水主要污染因子为温升及余氯。温排水量为$58m^3/s$，温升9月为8.2℃，冬季为11.8℃，余氯排放浓度为0.3mg/L。2010年6月2~3日和2011年9月7~8日开展了2个航次的大面和连续站调查。调查海域面积5.6km²，对照站设置在距排水口3km处；6月为高潮期调查，9月为高、低两个潮期调查，共布设水质站位18个、生物站位和沉积物站位各12个、连续同步观测站位3个、温盐氯监测断面3条，且开展了25h连续监测（图2-2）。

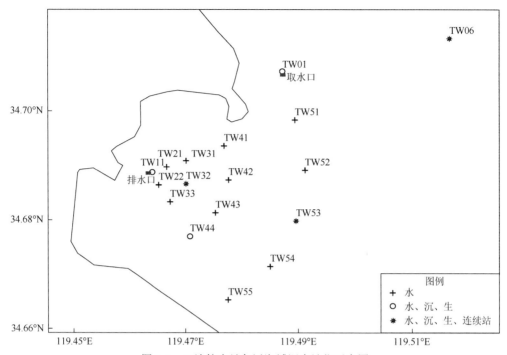

图 2-1　田湾核电站邻近海域调查站位示意图

TW 代表田湾核电站，下同

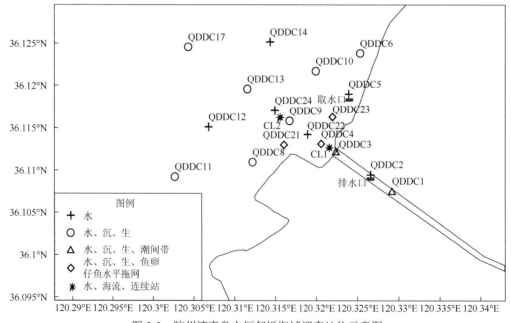

图 2-2　胶州湾青岛电厂邻近海域调查站位示意图

QDDC 代表胶州湾青岛电厂，下同

象山港国华宁海电厂的设计规模为一期工程由 4×600MW 燃煤发电机组组成，二期为两台 1000MW 超临界燃煤抽凝式汽轮发电机组组成。一期工程一台机组于 2005 年 12 月开始运营，到 2006 年 12 月全部投入运营。二期工程于 2009 年年底投产。工厂烟气脱硫技术采用石灰石-石膏法烟气脱硫法（FGD），温排水为敞开式浅层明渠排放，排水口位于厂区北侧，近岸排放，伸出岸线约 140m，排水口水深 2m。一期工程排水量较大，夏季达 80.0m³/s，冬季为 40.0m³/s。二期工程采用二次循环模式进行冷却，产生的温排水量相对较少。一期、二期均采用非氧化性杀菌剂对循环海水进行定期冲击杀菌处理。从电厂建设至投产，宁波海洋环境监测中心站对象山港国华宁海电厂共进行 7 个年度（2004～2011 年）的调查，设置水文站 4 个、水质站位 12 个、沉积物站位 6 个、生物站位 7 个，另外，在排水口和取水口进行浮游生物监测，潮间带调查断面 3 条、水温走航断面 4 条（图 2-3）。

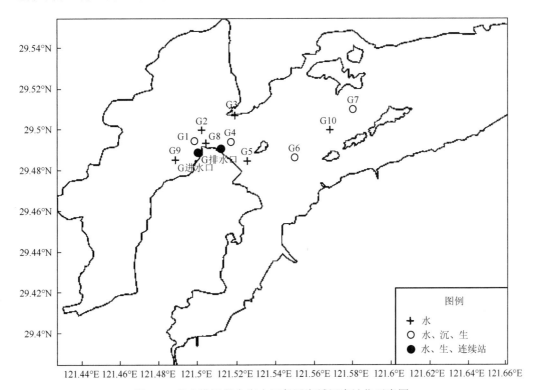

图 2-3　象山港国华宁海电厂邻近海域调查站位示意图

G 代表象山港国华宁海电厂，下同

　　漳州后石华阳电厂于 1996 年设计审批并开工建设，规划总装机规模为 10×600MW（1#～10#）。一期工程为 2×600MW（1#～2#），二期工程为 4×600MW（3#～6#），三期扩建工程为 4×600MW（7#～10#）。三期扩建工程的 7#机组于 2006 年投入运行。电厂冷却水采用海水直流冷却，锅炉烟气除硫工艺采用纯海水脱硫。冷却水（包括纯海水脱硫用水）取自电厂邻近海域。电厂取水口处的水深在 10m 以上，电厂一期、二期工程利用此深槽取水。三期工程 7#机组就近将浯屿水道在厂址段深槽水域作为冷却水源。电厂温排水通过排水明渠排向大海。脱硫废水最终汇入循环冷却水排入海域，由于吸收了高温烟气，脱硫后冷却水较原冷却水的温度（温升 8.3℃）升高了 0.5℃，即相对于海水的温升为 8.8℃。在机组布设电解海水制备次氯酸钠装置，加氯方式为连续式，加氯量为 1.0mg/L，游离性余氯为 0.1~0.2ppm[①]。2010 年 8 月 8 日、12 月 21 日，厦门中心站对漳州后石华阳电厂取、排水口及邻近海域的水文气象、水质、沉积物和生物生态环境现状进行了调查。布设 16 个测站，其中排水口 1 个、取水口 1 个、邻近海域 14 个（图 2-4）。

图 2-4　漳州后石华阳电厂邻近海域调查站位示意图

PWH 代表漳州后石华阳电厂，下同

2.1　温排水对海洋水环境的影响

　　温排水对海洋水环境的影响主要体现在水温的变化上，其次是水体与温度相关的指标会发生变化，如溶解氧、pH 等，还有因水温升高所导致的生物生长量的变化而引发的水体营养盐的变化。某些滨海电厂因生产工艺中需要用次氯酸钠等来抑制水体中浮游藻类的生长，水体中还含有余氯，余氯进入水体会扩散和削减，也会导致水体的 pH 等相关指标的变化。某些燃煤电厂主要利用湿法烟气脱硫技术除硫，（石灰石-石膏法烟气脱硫是当前大型燃煤电厂所采用的主流脱硫工艺），生产过程中一般会产生含汞、铅、镍、锌等重金属以及砷、氟等非金属污染物。本节主要从环境指标、营养盐指标以及重金属指标的变化探讨温排水对海洋水环境的影响。

2.1.1　温升

　　滨海电厂温排水排出的热量经排水口进入邻近海域，受纳水体的温度会随之升高。当然，温排水的热量一方面会随着水体的交换而向外扩散，另一方面也会和大气进行交换。温排水热量扩散一定距离后，温升水体和自然水体基本趋于一致。一般而言，温排

---

　　① ppm 即 mg/L。

水口水体温升一般为 8~10℃，在离排水口 50~100m，温升逐渐降低到 4℃；在离排水口 3000m 左右处，水体基本不受温排水影响。

1. 温升大小

根据不同滨海电厂的调查结果，温升幅度变化差异较大。温升幅度的高低与离排水口距离的远近以及排放口排放方式有关，离排水口越近，温升幅度越高；离排水口越远，温升幅度越低；深层排放的排放口，温升高值区并不出现在表层，而是出现在中层。

以田湾核电站为例，分析了冬季和夏季调查的温升幅度情况。就大面观测而言，整个调查海域水温变化幅度大，同一调查海域，不同季节、不同潮时、不同层次的最高值和最低值的温度差异较大，图 2-5 显示夏季航次调查时高潮和低潮时刻不同水层的温度。

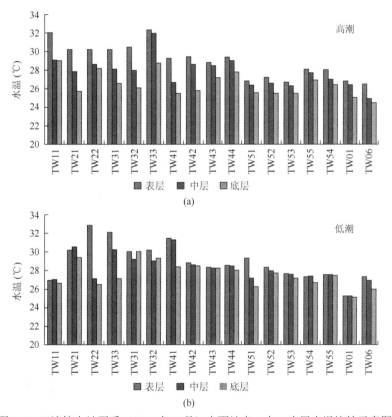

图 2-5　田湾核电站夏季（2011 年 7 月）大面站表、中、底层水温比较示意图

以对照站（TW06）为参考点，计算了夏季和冬季调查海域不同层次不同潮时的温升。温升最高值出现在冬季低潮，为 8.28℃，其他调查温升幅度分别为：5.05℃（冬季、高潮）、5.74℃（夏季、高潮、表层）、7.07℃（夏季、高潮、中层）、4.57℃（夏季、高潮、底层）、7.62℃（夏季、低潮、表层）、5.99℃（夏季、低潮、中层）、4.93℃（夏季、低潮、底层）。

就连续站调查分析结果来看，田湾核电站温排水区域温排水口站位（离排水口 50m）、对照站与两者之间的温差的日变化。从图 2-6 和图 2-7 可以看出，无论是小潮，还是大潮，排水口站位水温均呈现周期性的变化，一日之内有两个峰值、两个低值，这主要是因为一方面受排水口的影响，另一方面受潮水涨落的影响；对照站海域水温基本保持不变，其在一定的温度之间上下波动；而计算出来的温差日变化规律和排水口站位相同，冬季大潮最大温升值可达 8.66℃，小潮最大温升值达 10.35℃。

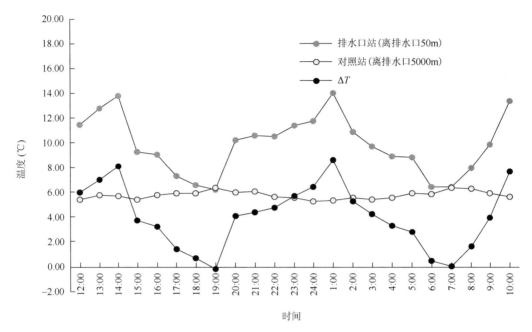

图 2-6　田湾核电站冬季（2010 年 12 月）大潮排水口及对照站温度、温升日变化图

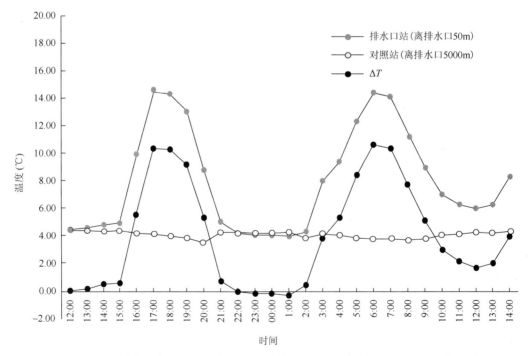

图 2-7　田湾核电站冬季（2010 年 12 月）小潮排水口及对照站温度、温升日变化图

2. 空间分布

温升空间分布可从平面分布和垂直分布两个角度来分析，但考虑到温排水口一般位置较浅，最大温升一般出现在表层，所以探讨表层水体的温升空间分布特征。从图 2-8 和图 2-9 可知，2009 年漳州后石华阳电厂排水口海域的表层水体温升幅度较高，温升>4℃，随着离排水口的距离越来越远，温升的幅度越来越低，至外海远处，温升幅度低至 0.5℃，直至温升水体和自然水体相一致。由图 2-9 还可看出，漳州后石华阳电厂海域水体涨潮和落潮期间温升的分布也有差异，但总体上均表现为排水口海域温升幅度高，远离排水口海域温升幅度低，至外海基本无温升。不同海域水动力条件不同，温升空间分布亦有差异。

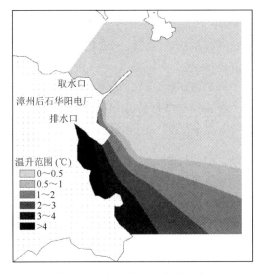

图 2-8　涨潮温排水温升分布状况　　　　　图 2-9　落潮温排水温升分布状况

根据田湾核电站冬季调查结果，探讨温升与排水口距离的关系（图 2-10）。高潮时，离排水口 50m 处 ΔT 为 5.05℃；随着与排水口距离越来越远，温升值也越来越小，距 2500m 处的断面 ΔT 约 1℃，2800m 处的断面 ΔT 仅为 0.03℃。低潮时，可能受到落潮潮流的影

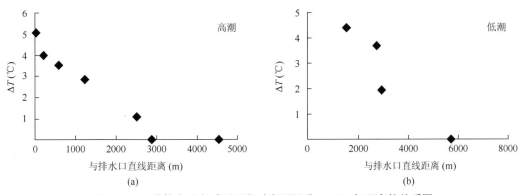

图 2-10　田湾核电站冬季不同潮时表层温升（ΔT）与距离的关系图

响，温排水随落潮流向外海迅速扩散，温升与距离仍然是呈递减趋势，最大温升出现在 1600m 处的断面，ΔT 为 4.36℃，至 3000m 处的断面 ΔT 仍高达 1.84℃。以上分析可知，高潮时，在距离温排水口 2500m 处的海域水温已经基本不受温排水的影响，但在低潮时，温排水对海域水温的影响距离可以扩散到 3000m 左右。

3. 水层变化

不同水体层次温升面积范围与排水口深度有关。一般而言，表层水体温升范围面积最大，底层最小。田湾核电站海域，水体处于低潮时，表层温升＞4℃的水体范围最大，为 0.26km²，中层为 0.02km²，底层温升＞4℃的水体范围面积为 0；表层温升 3～4℃ 的水体范围面积最大，为 0.74km²，中层为 0.49km²，底层温升＞4℃的水体范围面积为 0.62km²。

但若排水口位置处在深水区，且水体处于高潮，中层水体的温升范围面积会最大，其次是表层，底层最低。田湾核电站排水口海域高潮时，中层温升＞4℃的水体范围面积最大，为 1.42km²，表层和底层分别为 0.91km² 和 0.43km²，中层温升＞1℃的水体范围面积最大，为 16.6km²，表层和底层分别为 8.64km² 和 12.06km²。这应该与田湾核电站的温排水口位于黄海高程−4.85m 的位置有关，在这个深度排放循环冷却水，对中层的影响要大于表层。高潮时各层温升＞1℃的水体范围面积均大于低潮（表 2-1），这一点在中层体现得更为明显。

表 2-1　田湾核电站夏季高潮、低潮各层温升水体面积统计

温升 ΔT （℃）	水体面积（km²）					
	表层		中层		底层	
	高潮	低潮	高潮	低潮	高潮	低潮
＞4	0.91	0.26	1.42	0.02	0.43	0.00
3～4	2.07	0.74	2.48	0.49	1.26	0.62
2～3	2.35	1.91	3.46	2.14	2.55	2.00
1～2	3.31	3.46	9.26	4.30	7.82	6.96
合计（＞1）	8.64	6.37	16.62	6.95	12.06	9.58

4. 季节变化

温升的季节变化主要讨论两个方面：一是温升最大值的高低，二是温升水体面积。不同季节水体的温升也有很大差异，冬季最大温升值和温升水体面积一般大于夏季。

以象山港国华宁海电厂为例，夏季海域表层 0.5℃、1.0℃、2.0℃ 和 3.0℃ 温升包络面积分别为 21.8km²、10.9km²、2.7km²、0.6km²；冬季海域表层 0.5℃、1.0℃、2.0℃、3.0℃ 和 4.0℃ 温升包络面积分别为 23.2km²、11.8km²、5.5km²、3.4km² 和 1.6km²。由于象山港国华宁海电厂所在海域水深较小，排水口所在海域水深＜5m，所以温升分布范围较大（图 2-11）。

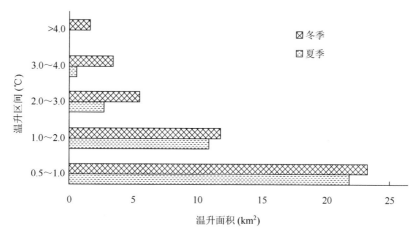

图 2-11   2009 年象山港国华宁海电厂邻近海域冬季和夏季表层温升水体面积比较

根据调查结果，田湾核电站夏季排水口表层低潮和高潮最大温升分别为 7.62℃和 5.74℃，温升>1℃水体面积分别为 6.37km² 和 8.64km²；冬季排水口低潮和高潮温升分别为 8.28℃和 5.05℃，温升>1℃水体面积分别为 19.13km² 和 7.76km²。

5. 潮时变化

不同潮时温升水体面积也有不同，水体面积的大小也与潮汐季节的变化、电厂所在海域的水动力有很大关系。田湾核电站、胶州湾青岛电厂邻近海域低潮温升水体面积大于高潮（图 2-12 和图 2-13），亦有部分电厂邻近海域温升水体面积变化规律不同，均是涨潮温升水体面积大于落潮，漳州后石华阳电厂 2009 年涨潮和落潮温升>4℃的水体面积分别为 0.84km² 和 0.78km²，温升>1℃的水体面积分别为 7.62km² 和 6.05km²。

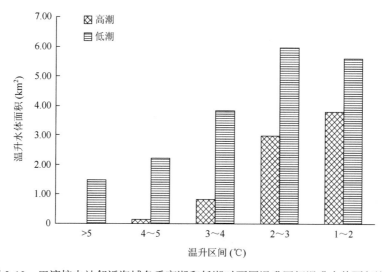

图 2-12   田湾核电站邻近海域冬季高潮和低潮时不同温升区间温升水体面积比较

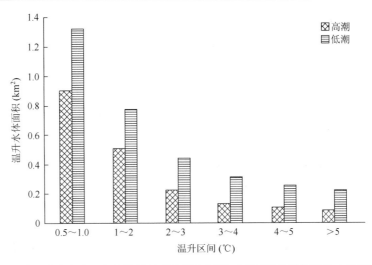

图 2-13　胶州湾青岛电厂邻近海域夏季高潮和低潮时不同温升区间温升水体面积比较

2.1.2　余氯

为避免海洋污损生物在循环冷却系统管道内壁附着繁殖而导致管道水阻的增加和生物对管道内壁表面的破坏影响运行的经济性和使用寿命,需要在循环水系统中设加氯系统,在循环取排水中每天投加次氯化物,从而使排放口余氯水排放浓度较高。加氯处理在抑制海洋生物在管道内繁殖的同时,经过循环系统后,未降解的余氯将随温排水排放到海域,这也造成了循环取排水中有一定数量的余氯。

余氯在海水中有游离态和化合态两种形态,刚排出的取排水中,游离态余氯占主要部分,化合态余氯所占比例不大。由于游离态余氯氧化能力极强、极不稳定且衰减极快,随着取排水排入水体,游离态余氯不断地稀释、分解和挥发,其浓度迅速降低。滨海电厂邻近海域余氯含量水平因生产工艺、周边水动力状况、分解状况以及季节变化而有所不同。

1. 含量水平

主要滨海电厂邻近海域水体余氯含量水平差异明显(表 2-2)。就同一季节的均值而言,调查的各家电厂最高值和最低值处于同一个数量级,但也有一定差别,有的甚至接近 1 倍。夏季胶州湾青岛电厂邻近海域海水余氯平均含量为 0.030mg/L,而田湾核电站和宁德大唐电厂邻近海域余氯含量水平分别为 0.077mg/L、0.026mg/L。冬季田湾核电站、漳州后石华阳电厂和宁德大唐电厂邻近海域余氯含量水平分别为 0.150mg/L、0.088mg/L、0.16mg/L。

表 2-2　主要滨海电厂邻近海域余氯含量水平

电厂名称	调查月份	潮时	含量水平（mg/L）	均值（mg/L）
胶州湾青岛电厂	9	高潮	0.003～0.104	0.036
		低潮	0.003～0.058	0.026

续表

电厂名称	调查月份	潮时	含量水平（mg/L）	均值（mg/L）
田湾核电站	7	高潮	0.012～0.164	0.077
		低潮	0.012～0.223	0.080
	12	高潮	0.089～0.212	0.150
		低潮	0.141～0.212	0.171
漳州后石华阳电厂	8	—	0.011～0.036	0.026
	12	—	0.008～0.235	0.088
宁德大唐电厂	7	高潮	*～0.07	0.06
		低潮	*～0.09	0.10
	12	高潮	0.12～0.23	0.16
		低潮	0.09～0.30	0.16

注：*表示未检出

2. 水平分布

胶州湾青岛电厂排出的余氯随水体流向外海，高潮和低潮余氯含量分布水平有一定差异。0.05mg/L、0.1mg/L 和 0.2mg/L 余氯水体包络面积分别为 1.91km^2、0.44km^2 和 0.14km^2。由胶州湾青岛电厂邻近海域 9 月余氯含量水平分布可以看出，排水口附近余氯含量明显较高，向外逐渐减少（图 2-14）。

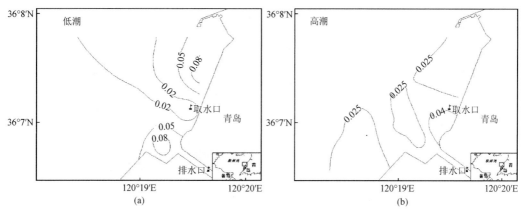

图 2-14　胶州湾青岛电厂邻近海域 9 月余氯含量水平分布图

图中数据线为余氯含量等值线，单位为 mg/L

3. 周日变化

余氯含量水平会随着时间的变化呈现一定幅度的波动，亦呈现周期性的变化。现有监测结果表明：白天余氯含量水平高，夜间相对较低，这可能与生产工艺中加氯时间有一定关系，也可能与水温的变化影响了余氯的衰减速率等相关。

连续站调查结果表明，冬季田湾核电站邻近海域小潮期间连续站调查结果表明，排水口附近的余氯含量范围为 0.02～0.38mg/L，平均值为 0.12mg/L（图 2-15）；对照站位的余氯范围为 0.07～0.23mg/L，平均值为 0.14mg/L（图 2-16）。夏季田湾核电站邻近海域小潮期间连续站排水口站位（离排水口 50m）的余氯含量范围为 0.02～0.19mg/L，平均值为 0.10mg/L；对照站位的余氯范围为 0.02～0.14mg/L，平均值为 0.06mg/L。夏季田湾核电站邻近海域大潮期间连续站排水口站位的余氯含量范围为 0.02～0.16mg/L，平均值为 0.08mg/L；对照站位的余氯范围为 0.01～0.07mg/L，平均值为 0.03mg/L。排水口站位余氯含量水平明显高于对照站，温排水对周边海域的余氯含量具有一定程度的影响。

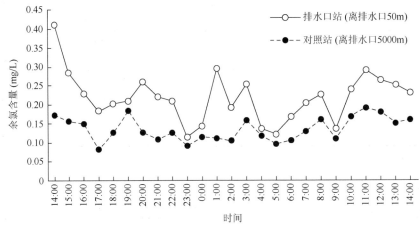

图 2-15　田湾核电站邻近海域冬季小潮期间余氯含量周日变化图

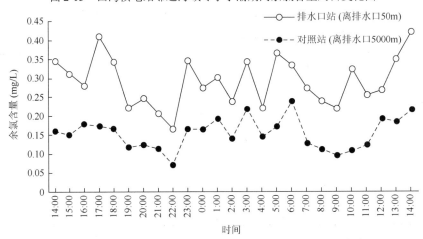

图 2-16　田湾核电站邻近海域冬季大潮期间余氯含量周日变化图

4. 潮时变化

就不同潮时调查结果来看，电厂高潮和低潮余氯含量水平比较接近，但有一定差别，最低值、最高值以及均值均表现为低潮余氯含量水平值大于高潮，这在冬季表现得更为明显，但是也应该注意到，余氯含量水平与电厂加氯方式紧密相关。

5. 季节变化

从统计结果来看，余氯含量水平表现为冬季明显高于夏季。田湾核电站冬季高、低潮余氯含量均值分别为 0.150mg/L 和 0.171mg/L，夏季分别仅为 0.077mg/L 和 0.080mg/L；宁德大唐电厂邻近水体冬季高、低潮余氯含量均值分别为 0.160mg/L 和 0.160mg/L，夏季分别仅为 0.060mg/L 和 0.100mg/L；漳州后石华阳电厂邻近海域余氯含量冬季为

0.088mg/L，夏季仅为 0.026mg/L。

2.1.3　溶解氧

温排水对海洋水体溶解氧含量的影响主要为两个方面，一是因水体温度升高而导致水体溶解氧饱和度降低，二是因水体温度升高而导致海洋浮游生物生长繁殖速度加快，从而吸收大量的氧气。这两个方面都导致溶解氧含量水平降低。从所调查的滨海电厂邻近海域溶解氧含量水平来看，受到温排水影响的区域水体溶解氧含量低，未受到温排水影响的区域水体溶解氧含量高。一般而言，溶解氧含量水平都低于对照站。

从水平分布来看，水体溶解氧含量呈由排水口向外递增的趋势。图 2-17 为田湾核电站邻近海域夏季溶解氧含量水平分布状况。从图 2-17 中可以看出，无论是高潮还是低潮，溶解氧含量水平均表现为排水口低，远离排水口的海域高。

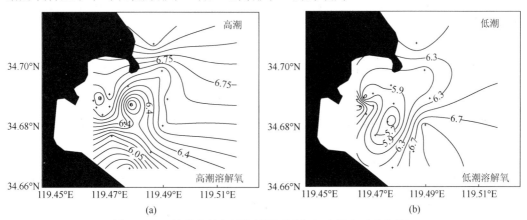

图 2-17　田湾核电站邻近海域夏季溶解氧含量水平分布状况

图中数据线为溶解氧含量等值线，单位为 mg/L

从对象山港国华宁海电厂跟踪监测结果来看，与建厂前相比，水质溶解氧含量呈下降趋势，这与电厂温排水排放有一定关系。2005～2011 年电厂邻近海域夏季各航次水质溶解氧均在 8.00mg/L 以下并呈波动变化（图 2-18），1℃线内溶解氧含量比 1℃线外略有降低，除个别年份、个别航次外，均低于对照站溶解氧含量；冬季各航次溶解氧含量在 8.00mg/L 以上波动（图 2-19），除个别年份、个别航次外，基本呈 1℃线内溶解氧含量比 1℃线外略低。

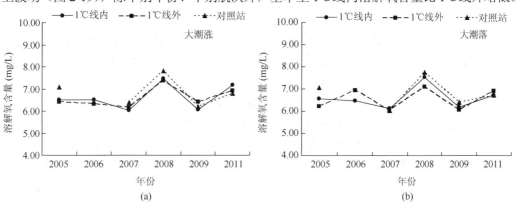

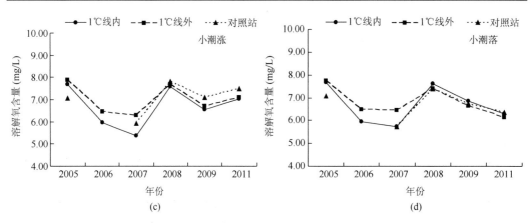

图 2-18　象山港国华宁海电厂邻近海域历年夏季各航次溶解氧含量变化

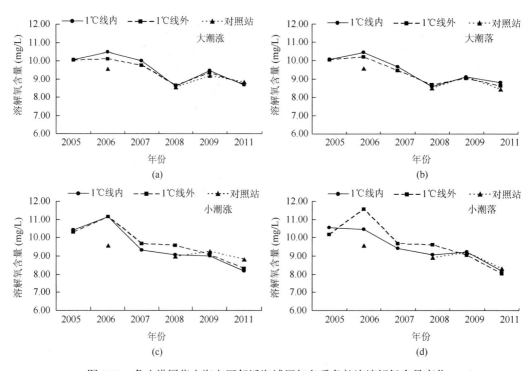

图 2-19　象山港国华宁海电厂邻近海域历年冬季各航次溶解氧含量变化

　　从季节影响变化来看，冬季水体溶解氧含量大于夏季，这与水体溶解氧的大小通常是随氧的分压而增大、随水体的温度升高而降低有关（柳瑞君，1985；徐镜波，1990）。就温排水对水体溶解氧含量的影响而言，冬季的影响高于夏季，夏季有影响但不明显，象山港国华宁海电厂和漳州后石华阳电厂的表现均相同。

　　就不同潮时来看，田湾核电站海域，夏季高潮时溶解氧含量范围为 5.7～7.07mg/L，平均值为 6.5mg/L；低潮时溶解氧含量范围为 5.33～7mg/L，平均值为 6.2mg/L。两个潮时溶解氧含量亦有差异，但区别不大。

2.1.4　pH

pH 是海洋水体最重要的理化参数之一，海洋水体中 pH 一般为 7.8～8.5。温排水对海洋水体 pH 的影响一般包括以下几个方面：一是某些湿法脱硫的电厂产生的二氧化硫会随水体向海洋排放，进而影响水体的酸碱度；二是某些电厂加氯处理剩余的余氯也会随水体进入海域；三是水体 pH 也会随着水体温度的变化而呈现一定的规律性变化，一般而言，温度上升，水体 pH 会降低，当温度升高，中性水体对应的 pH 逐渐减小，研究表明，当水温在 95℃时，中性水体对应的 pH 为 6。

漳州后石华阳电厂生产工艺为典型的湿法脱硫，从图 2-20 可知，无论是冬季，还是夏季，温升 1℃以上水体的 pH 都明显低于温升 1℃以下的水体，说明邻近海域 pH 明显受到电厂污染物排放的影响。

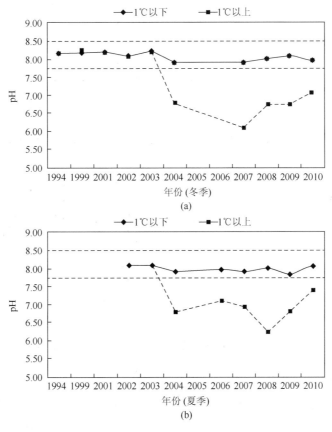

图 2-20　漳州后石华阳电厂邻近海域水质 pH 历年变化

象山港国华宁海电厂附近海域历年夏季、冬季各航次水质 pH 变化情况，如图 2-21～图 2-22 所示。夏季各航次除 2006 年外，呈 1℃线内 pH 低于 1℃线外 pH；冬季各航次除 2004 年、2005 年和 2006 年外，亦呈 1℃线内 pH 低于 1℃线外 pH。

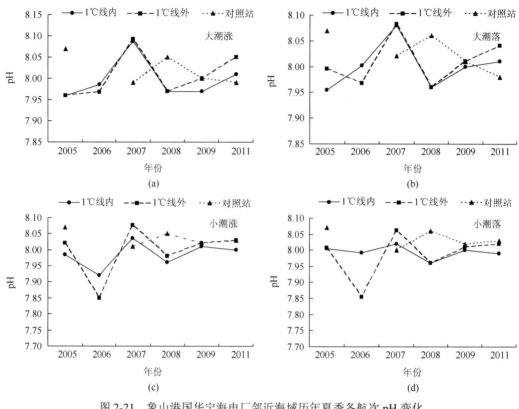

图 2-21　象山港国华宁海电厂邻近海域历年夏季各航次 pH 变化

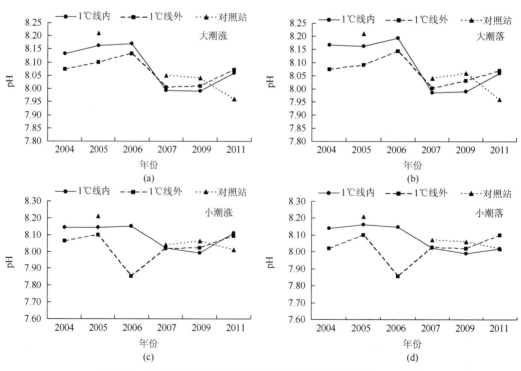

图 2-22　象山港国华宁海电厂邻近海域历年冬季各航次 pH 变化

从季节分布上看，象山港国华宁海电厂邻近海域历年各航次水质 pH 基本呈冬季大于夏季，这主要与冬季水温较夏季低有关，与研究学者（银小兵和李静，2000）以热力学角度推导出中性水体 pH 与水温（K）的倒数呈线性关系一致。与建厂前水质 pH（2004年冬）相比，电厂温排水使水质 pH 呈下降趋势，这一点在冬季表现得更为明显。

2.1.5　活性磷酸盐

活性磷酸盐是海洋水体中的主要营养盐之一。温排水对其含量的影响主要体现在局部水体温度的改变，由于水体浮游植物等生物的繁殖而吸收大量的营养盐，从而导致了水体活性磷酸盐含量的降低。

以漳州后石华阳电厂为例，漳州后石华阳电厂邻近海域冬季历年水质中活性磷酸盐含量呈逐年上升的趋势，水体 1℃以上活性磷酸盐含量低于 1℃以下（图 2-23）。历年水质中活性磷酸盐含量季节影响变化较明显，呈冬季大于夏季，与学者（李德尚等，1998）对于水库中磷的周年变化的研究相符。夏季水体温度普遍较高，体现不出温升导致的活性磷酸盐含量的差异，这可能与夏季气温较高、利于浮游生物生长、营养物质消耗得较快、沿岸径流挟带无机磷不能及时补充，而冬季营养盐含量处于饱和状态有关。与建厂前（冬季）活性磷酸盐含量相比，电厂温排水对水质活性磷酸盐的影响较为明显，冬季温升区与非温升区存在显著的差异，夏季的差异不明显。

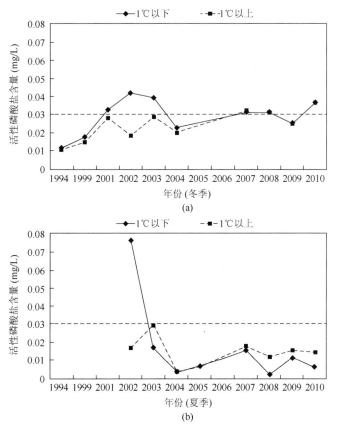

图 2-23　漳州后石华阳电厂邻近海域水质活性磷酸盐含量历年变化

2.1.6 氨氮

水域营养盐水平对海洋生产力有决定性的影响，无机氮是浮游植物生长的必要元素之一，也是水产养殖生态系统中物质循环的重要环节（陈金斯和李永飞，1996）。而氨氮、硝酸盐氮是无机氮的重要组成部分，硝酸盐氮占无机氮的 85% 以上，其受陆源排污的影响很大，因此，很难看出温排水对硝酸盐氮的影响，故只考虑温排水对氨氮的影响。

象山港国华宁海电厂邻近海域历年夏、冬季各航次水质氨氮（图 2-24、图 2-25）呈 1℃线内、外氨氮含量高于对照站氨氮含量。温排水水体氨氮含量高，一方面与水温高、化学物

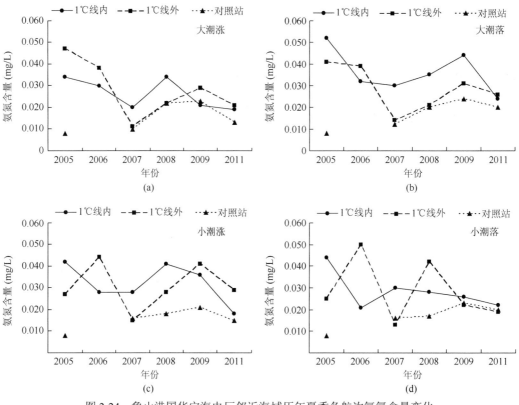

图 2-24　象山港国华宁海电厂邻近海域历年夏季各航次氨氮含量变化

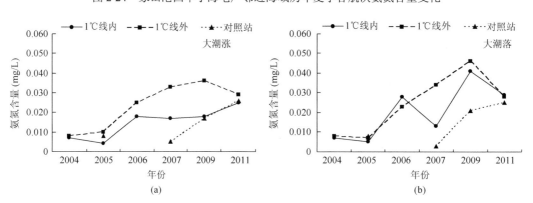

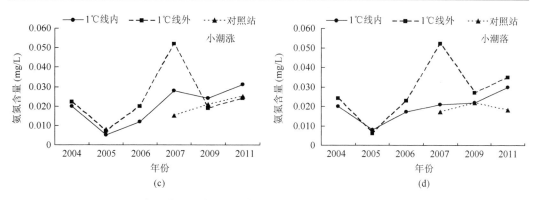

图 2-25　象山港国华宁海电厂邻近海域历年冬季各航次氨氮含量变化

质转化有关，另一方面也与浮游生物快速生长吸收转化有关。温排水水体对氨氮的影响在不同季节会有所差异，历年冬季水体氨氮含量呈现上升趋势，夏季水体氨氮含量呈现下降趋势。

2.1.7　总汞

汞是最主要的有毒金属污染物，其挥发性、持久性和生物富集性的特点会对生物神经系统产生严重危害，因而其成为研究的热点。2011 年 1 月，环境保护部公布《火电厂大气污染物排放标准》，此次修订不仅对烟尘、二氧化硫等排放限值的要求更加严格，而且确定我国火电厂汞的排放限值为 0.03mg/m^3。一般湿法脱硫的电厂的煤粉炉中燃烧产生的废气含有大量的汞，最后会随温排水一起进入海洋水体中。

所调查的电厂中，漳州后石华阳电厂处理工艺为湿法脱硫。2010 年调查结果表明，冬季各站位的汞含量范围为 0.018~0.104μg/L，平均值为 0.046μg/L；夏季各站位的汞含量范围为 0.027~0.098μg/L，平均值为 0.054μg/L（图 2-26）。

漳州后石华阳电厂建成后，冬季汞含量逐年升高，而后降低，至 2009 年小幅上升；夏季，汞含量在 2009 年和 2010 年也小幅升高（图 2-26）。冬季温升区内外差异不大，夏季温升区内的汞含量普遍小于温升区外。总体来说，该电厂邻近海域汞含量水平受到一定影响。

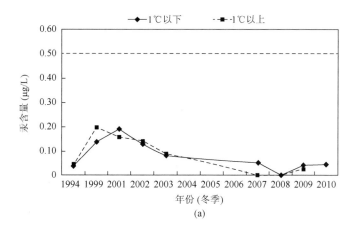

(a)

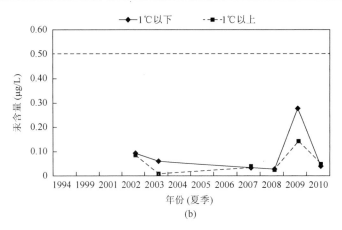

图 2-26　漳州后石华阳电厂邻近海域水质重金属汞含量历年变化

2.2　温排水对海洋沉积物的影响

温排水水体对海洋沉积物的影响主要体现在两个方面，一是温升区域某些指标受温度影响明显，如硫化物、有机碳、总氮、总磷；二是温排水水体排放的污染物质对沉积物指标的影响，如重金属总汞、硫化物。由于沉积物环境相对比较稳定，指标含量也比较稳定，所以本节仅从 5 个指标来探讨温排水对海洋沉积物的影响。

2.2.1　硫化物

象山港国华宁海电厂邻近海域沉积物硫化物含量在投产前（2002 年冬季）最高，投产后（2005～2009 年）含量变化不明显，均比投产前低（图 2-27），尚未发现电厂温排水对海域沉积物中的硫化物产生影响。

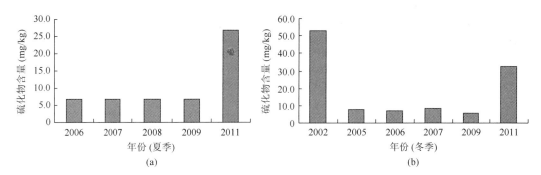

图 2-27　象山港国华宁海电厂邻近海域沉积物硫化物含量历年变化

漳州后石华阳电厂邻近海域沉积物硫化物含量在投产前（1994 年冬季）与 2004 年调查最高（图 2-28），三期建成后（2005～2010 年）变化不明显（除 2010 年外），均低于投产前（图 2-28），1℃温升区内外没有显著性差异。到目前为止，尚未发现电厂温排水对海域沉积物中硫化物的影响。

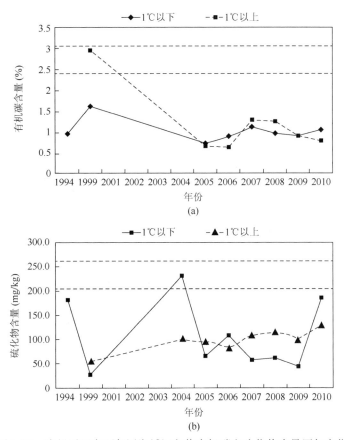

图 2-28　漳州后石电厂邻近海域沉积物有机碳和硫化物含量历年变化

　　田湾核电站冬季硫化物含量范围为 13.2～59.6mg/kg，平均值为 43.8mg/kg；夏季硫化物含量范围为 66.8～110.8mg/kg，平均值为 94.7mg/kg。排水口与对照站位的硫化物含量无明显差异，处于不同温升范围的站位硫化物含量变化趋势不明显（图 2-29）。

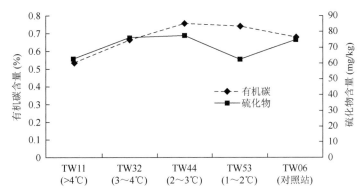

图 2-29　田湾核电站邻近海域不同温升区沉积物有机碳和硫化物含量趋势分析图

2.2.2　有机碳

　　象山港国华宁海电厂邻近海域沉积物有机碳含量在投产前（2002 年冬季）最高，投产后（2005～2011 年）变化不明显，均低于投产前（图 2-30），电厂温排水对海域沉积物中有机碳的影响不明显。

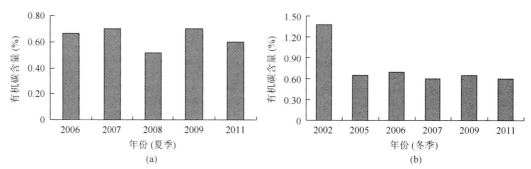

图 2-30　象山港国华宁海电厂邻近海域沉积物有机碳含量历年变化

漳州后石华阳电厂邻近海域沉积物有机碳含量在投产前（1999 年冬季）最高，投产后（2005～2010 年）变化不明显，较投产前呈明显下降趋势，1℃温升区内的有机碳略高于非温升区，电厂温排水对海域沉积物中的有机碳没有显著影响（图 2-28）。

田湾核电站冬季沉积物中有机碳含量的范围为 0.399%～0.952%，平均值为 0.716%；夏季，沉积物中有机碳含量的范围为 0.567%～0.781%，平均值为 0.655%。由图 2-29 可以看出，不同温升范围的站位有机碳含量变化趋势不明显。

2.2.3　总氮

田湾核电站冬季总氮含量范围为 0.843～5.520mg/g，平均值为 2.089mg/g，排水口总氮含量略高于对照站位，但与取水口含量接近。夏季，总氮含量范围为 0.311～0.468mg/g，平均值为 0.369mg/g，对照站位（TW06）含量最高。由图 2-31 可以看出，处于不同温升范围的站位总氮含量变化趋势明显，随温升的降低，含量呈下降趋势。

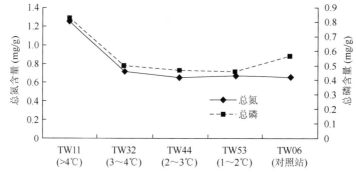

图 2-31　田湾核电站邻近海域不同温升区沉积物总氮、总磷含量变化趋势

2.2.4　总磷

田湾核电站冬季总磷含量范围为 0.375～1.3mg/g，平均值为 0.741mg/g，以排水口含量为最高值。夏季总磷含量范围为 0.323～0.379mg/g，平均值为 0.351mg/g，6 个站位的

含量无明显差异。由图 2-31 可以看出,处于不同温升范围的站位总磷含量变化趋势明显,与总氮变化规律相同,随温升的降低,含量亦呈下降趋势。

2.2.5　总汞

　　如前面所述,漳州后石华阳电厂生产工艺为湿法脱硫,所产生的废气中的汞不仅会对邻近海域水体产生影响,亦对沉积物环境产生危害。邻近海域沉积物汞在温升区内外呈现明显的差异,并且呈逐年上升的趋势(图 2-32)。郭娟等(2008)对该电厂海水石灰石-石膏法烟气脱硫工艺过程的水质监测中也发现汞含量的异常增高。由于汞具有高度的生物富集性,所以应重视汞增加的邻近海域环境的危害性。

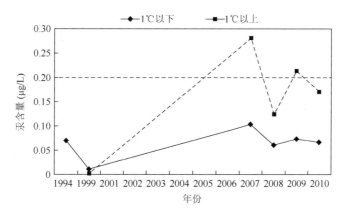

图 2-32　漳州后石华阳电厂邻近海域沉积物重金属汞含量历年变化

　　根据以上分析可以看出,温排水对沉积物硫化物和有机碳等的影响尚不明显,邻近海域沉积物环境总氮、总磷含量随温升的变化呈现出一定的变化规律,结合学者得出的总氮、总磷与温度相关,可以推断出,温排水对沉积物环境中的总氮、总磷有一定影响。从沉积物中总汞含量的比较可以看出,温排水对海洋沉积物总汞有一定影响。

2.3　温排水对海洋生物的影响

　　温度是影响海洋生物生长、发育、繁殖的重要生态指标之一,其改变直接关系到海洋生物的数量改变。温排水对海洋生物的影响主要表现为对浮游植物、浮游动物、底栖生物以及鱼卵仔鱼的影响,电厂温排水使受纳水体升温后,会对海洋生物的数量、种类、群落结构等产生一定影响。温排水是混合水体,其含有大量的热量,亦有部分电厂温排水中含有余氯等,因此,海洋生物受到的影响是多方面的。

2.3.1　浮游植物

　　水温是浮游植物生长最重要的影响因素之一,温排水对环境主要的影响是造成水温上升,其具有限制和提高浮游植物增殖能力和初级生产力的双重作用。夏季水温本身就比较高，再加上温排水的大量排放，邻近海域的浮游植物受到双重影响；冬季水温较低，但温排水的大量排放改变了局部区域水体状况，从而导致浮游植物生长的改变，因此，这里主要讨论夏季和冬季水温与浮游植物分布特征之间的关系。

1. 优势种类

2005~2010 年象山港国华宁海电厂邻近海域浮游植物优势种，见表 2-3。冬季浮游植物第一、第二优势种为琼氏圆筛藻和中肋骨条藻，优势种基本保持稳定。夏季，第一、第二优势种有布氏双尾藻、中肋骨条藻、琼氏圆筛藻、冕孢角毛藻、紧密角管藻，电厂邻近海域第一、第二优势种存在一定的演变。从调查结果看，电厂邻近海域浮游植物优势种在冬季保持相对稳定，而在夏季浮游植物优势种存在一定的演替。

表 2-3　2005~2010 年象山港国华宁海电厂邻近海域浮游植物优势种比较

年份	冬季（1月）	夏季（7月）
2005	琼氏圆筛藻、中肋骨条藻	布氏双尾藻、中肋骨条藻
2006	琼氏圆筛藻、中肋骨条藻	琼氏圆筛藻、中肋骨条藻
2007	中肋骨条藻、丹麦细柱藻	琼氏圆筛藻、布氏双尾藻
2008	中肋骨条藻、琼氏圆筛藻	冕孢角毛藻、琼氏圆筛藻
2009	—	紧密角管藻、冕孢角毛藻
2010	琼氏圆筛藻、中肋骨条藻	紧密角管藻、冕孢角毛藻

漳州后石华阳电厂不同年际间浮游植物优势种冬季存在一定变化，但同时具有一定的稳定性；而夏季第一优势种年度变化明显，2002 年、2004 年以及 2010 年分别为具槽直链藻、海链藻、中肋骨条藻（表 2-4）。

表 2-4　浮游植物优势种的年际变化

年份	冬季	夏季
1999	小盘藻、菱形海线藻	—
2001	具槽直链藻、中肋骨条藻	—
2002	具槽直链藻、海链藻	具槽直链藻、叉角藻
2003	—	海链藻、具槽直链藻
2004	中型斜纹藻	—
2010	具槽直链藻、旋链角毛藻	中肋骨条藻、旋链角毛藻

2. 多样性指数

象山港国华宁海电厂夏季浮游植物多样性指数 2005~2008 年呈下降趋势，但 2009 年略有上升；冬季，浮游植物多样性指数 2005~2007 年基本保持稳定，2008 年有一定幅度上升，2010 年相比 2008 年略有下降（图 2-33）。

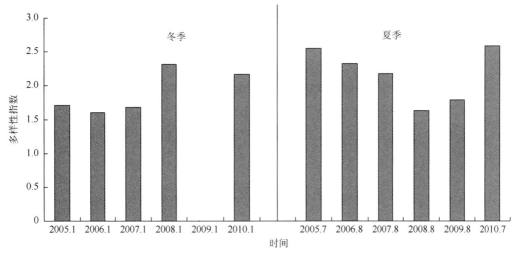

图 2-33　象山港国华宁海电厂邻近海域不同年份浮游植物多样性指数比较

2009 年 1 月无调查数据

比较了漳州后石华阳电厂 1℃温升区域和非温升区域间浮游植物多样性指数差异后发现，2010 年冬季多样性指数低于前几年，其余年份的浮游植物多样性指数均较高，夏季浮游植物生物多样性指数保持稳定水平。但从温升区与非温升区比较来看，夏季温升区域的多样性指数要低；冬季非温升区域的多样性指数要低（图 2-34）。

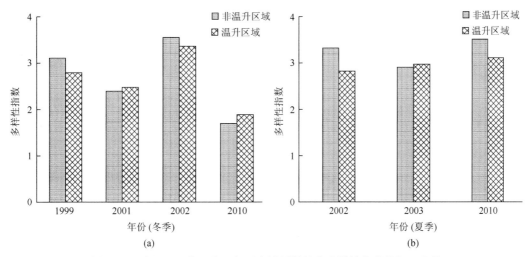

图 2-34　漳州后石华阳电厂邻近海域浮游植物多样性指数的年际变化

温排水对浮游植物多样性的影响还可从处于不同温升站位的指数值来探讨。田湾核电站低潮时，温升最高的 TW32 站浮游植物的香农-威纳（Shannon-Wiener）多样性指数（H'）、均匀度指数（J）、丰富度指数（d）均最低，温升为 1.6℃的 TW44 站浮游植物的 Shannon-Wiener 指数、均匀度指数、丰富度指数较高，而对照站生物多样性指数最高；高潮时，温升最高的 TW44 站和 TW11 站浮游植物的 Shannon-Wiener 指数、均匀度指数、丰富度指数均最低，自然水温区浮游植物的 Shannon-Wiener 指数最高（图 2-35）。

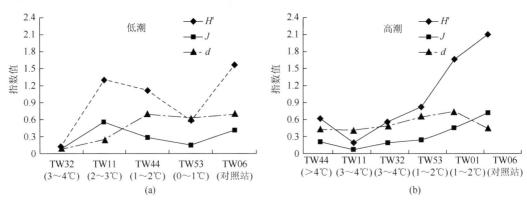

图 2-35   夏季田湾核电站不同温升区各站位浮游植物多样性指数分析

3. 细胞密度

笔者通过分析漳州后石华阳电厂细胞密度的变化来探讨温排水对浮游植物的影响。由于 1999 年电厂尚未运行，所以其温升区域和非温升区域间浮游植物细胞密度差异较小，2001 年、2002 年和 2010 年冬季温升区域的浮游植物细胞密度要明显高于非温升区域，2010 年夏季调查结果也表现为温升区浮游植物细胞密度高，非温升区低（图 2-36）。可见，温排水所导致的海水增温有助于一些浮游植物的繁殖加快，从而导致其细胞密度升高。

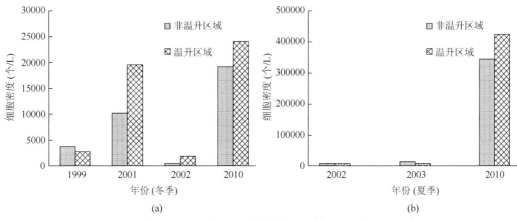

图 2-36   漳州后石华阳电厂浮游植物表层水样细胞密度的年际变化

2.3.2   浮游动物

1. 优势种类

浮游动物优势种类的变化情况，不同电厂调查结果不同，象山港国华宁海电厂海域优势种基本稳定，而漳州后石华阳电厂优势种类变化明显。

象山港国华宁海电厂厂址前沿海域冬季和夏季浮游动物第一优势种分别为墨氏胸刺水蚤和太平洋纺锤水蚤（表 2-5）。墨氏胸刺水蚤为低盐低温近岸种，太平洋纺锤水蚤为近岸低盐暖水种。墨氏胸刺水蚤是冬、春两季厂址前沿海域的主要种类，冬季其占到浮游动物总密度的 97% 以上，为象山港"虾子"最主要的组成部分。厂址前沿海域浮游动物优势种保持稳定。

表 2-5　2005～2010 年象山港国华宁海电厂邻近海域浮游动物优势种比较

年份	冬季（1 月）	夏季（7 月）
2005	墨氏胸刺水蚤	太平洋纺锤水蚤
2006	墨氏胸刺水蚤	太平洋纺锤水蚤
2007	墨氏胸刺水蚤	太平洋纺锤水蚤
2008	墨氏胸刺水蚤	太平洋纺锤水蚤
2009	—	太平洋纺锤水蚤
2010	墨氏胸刺水蚤	太平洋纺锤水蚤

漳州后石华阳电厂冬季和夏季不同年份间第一优势种差异较大，浮游动物优势种由毛颚类变为桡足类（表 2-6）。

表 2-6　漳州后石华阳电厂邻近海域浮游动物 I 型网优势种的年际变化

年份	冬季	夏季
2007	肥胖箭虫	肥胖箭虫
2008	肥胖箭虫、美丽箭虫	美丽箭虫、球形侧腕水母
2009	微刺哲水蚤、肥胖箭虫	美丽箭虫、亚强真哲水蚤
2010	小拟哲水蚤、瘦尾胸刺水蚤	太平洋纺锤水蚤

2. 多样性指数

从多年跟踪监测结果来看，温排水对浮游动物多样性指数的影响基本表现为影响明显，指数值下降。象山港国华宁海电厂 2010 年冬季和夏季监测结果均表现为多样性指数值较低。但从漳州后石华阳电厂温升区和非温升区比较结果来看，冬季温升区多样性指数值下降明显。

象山港国华宁海电厂历年夏季浮游动物多样性指数呈现一定的波动,在 2008 年达到峰值后，2009 年、2010 年持续回落；2005～2008 年冬季多样性指数则呈现"U"字型走势，2010 年 1 月多样性指数则明显低于往年（图 2-37）。

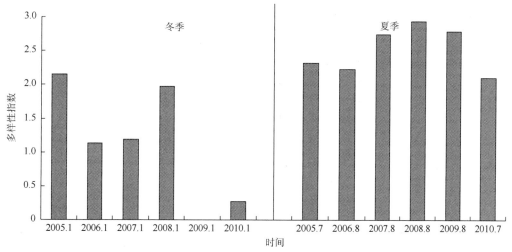

图 2-37　2005～2010 年象山港国华宁海电厂邻近海域浮游动物多样性指数

2009 年 1 月无调查数据

漳州后石华阳电厂温升区域和非温升区域间多样性指数值的差异变化冬、夏季不同（图 2-38）。冬季，2009 年和 2010 年非温升区域的浮游动物多样性指数均较温升区域的高，2010 年温升区域多样性指数较低是由暖水性种类小拟哲水蚤（占温升区域浮游动物总个体密度的 81.4%）占绝对优势所导致的。夏季则是温升区域多样性指数值高。

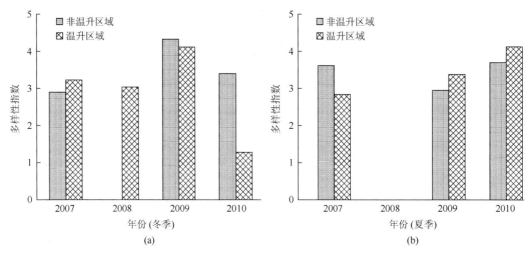

图 2-38 漳州后石华阳电厂邻近海域浮游动物多样性指数的年际变化

3. 个体密度

漳州后石华阳电厂，冬季，2010 年温升区域的浮游动物个体密度要明显高于非温升区域（图 2-39），可能是温度升高使得浮游动物大量繁殖所导致的，2007 年温升区域和非温升区域间无明显差异，2008 年和 2009 年则是非温升区域要明显高于温升区域。夏季，非温升区域浮游动物个体密度要高于温升区域，可能高温超出了一些浮游动物的耐热极限，导致这些浮游动物死亡或随水流漂至低温区，仅剩下一些耐热品种存活，所以温升区域浮游动物个体密度要低于非温升区域。

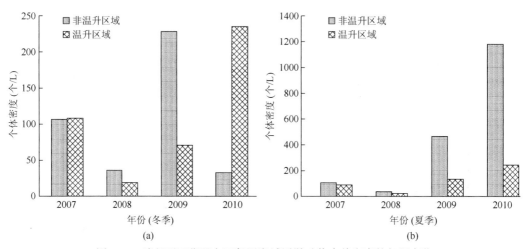

图 2-39 漳州后石华阳电厂邻近海域浮游动物个体密度的年际变化

2.3.3　底栖生物

1. 优势种类

不同电厂所处海域底栖生物的种类不同，温排水对其影响也有很大差异。多毛类受水温变化影响明显，而甲壳类动物受水温变化不明显。

象山港国华宁海电厂厂址前沿大型底栖生物第一优势种基本为多毛类和软体类动物，但演变较快。2005～2008 年第一优势种主要为多毛类动物，2009 年主要优势种为软体类动物。对于第一优势种而言，由于受到温排水的影响，厂址前沿海域大型底栖生物群落尚未稳定（表 2-7）。

表 2-7　2005～2010 年象山港国华宁海电厂邻近海域底栖生物优势种

年份	冬季（1 月）	夏季（7 月）
2005	日本索沙蚕	双鳃内卷齿蚕
2006	日本刺沙蚕	双齿围沙蚕
2007	寡节甘吻沙蚕	不倒翁虫
2008	全刺沙蚕	不倒翁虫
2009	—	薄云母蛤
2010	棘刺锚参	不倒翁虫

漳州后石华阳电厂，夏季底栖生物优势种在年际间存在演替，但同时具有一定的稳定性（表 2-8）。2007～2009 年，模糊新短眼蟹一直是漳州后石华阳电厂排污口邻近海域底栖生物的优势种。

表 2-8　漳州后石华阳电厂底栖生物优势种的年际变化

年份	冬季	夏季
2007	—	模糊新短眼蟹、哈氏强蟹
2008	—	华丽角海蛹、双鳃内卷齿蚕
2009	—	模糊新短眼蟹、锥唇吻沙蚕
2010	模糊新短眼蟹、不倒翁虫	奇异稚齿虫、模糊新短眼蟹

2. 栖息密度

象山港国华宁海电厂冬季前沿海域底栖生物栖息密度基本呈现下降趋势，2005～2006 年底栖生物栖息密度下降幅度较大，2006～2010 年底栖生物栖息密度呈缓慢下降趋势；夏季，2005～2006 年底栖生物栖息密度下降幅度较大，2007 年略有上升，之后两年逐步下降，2010 年底栖生物栖息密度较高，底栖生物栖息密度变化趋势明显（图 2-40）。

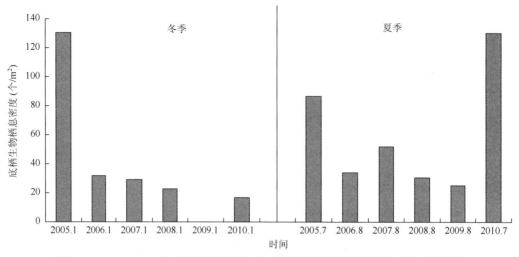

图 2-40　2005～2010 年象山港国华宁海电厂邻近海域底栖生物栖息密度变化趋势

2009 年 1 月无调查数据

　　漳州后石华阳电厂 2010 年冬季，温升区域底栖生物栖息密度较非温升区域高（图 2-41），可能是由于冬季水温较低，温排水促进了邻近海域底栖生物的生长和繁殖。夏季除 2003 年外，2008 年和 2010 年均是非温升区域较温升区域明显要高，而且 2008 年和 2010 年温升区域底栖生物栖息密度逐年下降，可能与多运行了 2 个机组，温排水的量达到一定程度引起了底栖生物的损失有关。

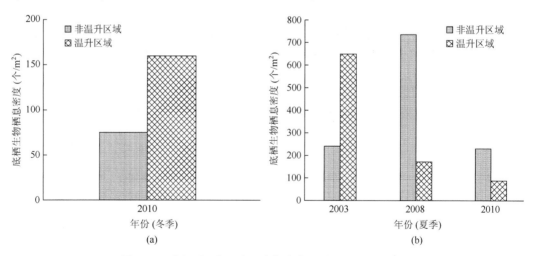

图 2-41　漳州后石华阳电厂底栖生物个体密度的年际变化

3. 生物量

　　漳州后石华阳电厂底栖生物生物量的变化与底栖生物栖息密度的变化一致（图 2-42），2010 年冬季温排水促进了底栖生物的生长，导致温升区域微生物的生物量较非温升区域的要高。夏季，2003 年温升区域和非温升区域底栖生物生物量相差不大，2008 年和 2009 年则是非温升区域要明显高于温升区域；非温升区域底栖生物生物量逐年升高, 温升区域则逐年降低, 可见温排水导致了底栖生物生物量的下降。

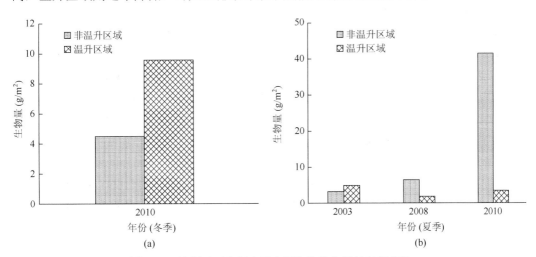

图 2-42　漳州后石华阳电厂底栖生物生物量的年际变化

4. 多样性指数

漳州后石华阳电厂 2010 年冬季温升区域多样性指数要高于非温升区域; 除 2008 年外, 夏季均是非温升区域底栖生物多样性指数高于温升区域。温升区域底栖生物多样性指数的年际变化有所波动, 其中 2007 年和 2010 年较低 (图 2-43)。可见冬季温排水促进底栖生物种类的繁殖, 从而引起多样性指数值的升高, 夏季则抑制某些底栖生物种类的繁殖, 从而导致多样性指数值下降。

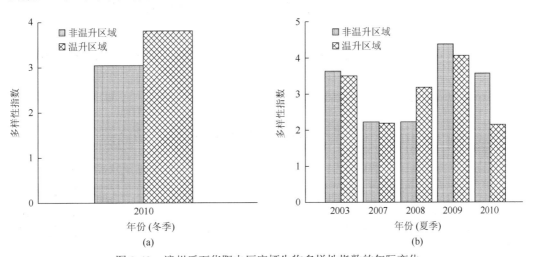

图 2-43　漳州后石华阳电厂底栖生物多样性指数的年际变化

2.3.4　鱼卵仔稚鱼

水温是影响鱼类新陈代谢的主要因素之一, 其变动也将对鱼类仔、稚鱼的形态发育和生长产生直接影响。鱼类受精卵孵化的一系列反应过程通常需要适宜的温度条件。温度除对鱼类的繁殖、补充、生理、生长和行为有主要且直接的影响外，其也是影响鱼类浮游生物数量变化和空间分布的重要因素。

在春季和夏季环境水温较高时，温排水对鱼卵仔稚鱼的发育有一定影响。夏季漳州后石华阳电厂温升区域的鱼卵仔稚鱼的种类数和密度均低于非温升区。夏季田湾核电站邻近海域共鉴定出鱼卵仔稚鱼 9 种、鱼卵 6 种、仔稚鱼 4 种，脂眼鲱既检出鱼卵，也检出仔稚鱼；鱼卵仔稚鱼密度范围为未检出至 7.50 个/m³；鱼卵仔稚鱼主要出现在远离排水口的海域。胶州湾青岛电厂春季调查结果显示，胶州湾青岛电厂温排水邻近海域鱼卵、仔稚鱼密度较小，平均为 1.4 个/m³ 和 1.1 个/m³，在距排水口最近站位并未采到鱼卵、仔稚鱼。该区域温升幅度为 2℃，说明鱼卵、仔稚鱼受温度影响明显。而外围区域站位受排水影响较小，鱼卵、仔稚鱼密度相对较高，其中，QDDC16 号站仔稚鱼密度达 4.8 个/m³，鱼卵密度为 1.9 个/m³，QDDC17 号站仔稚鱼密度为 1.7 个/m³，鱼卵密度为 5.0 个/m³。各调查站鱼卵、仔稚鱼的数量，如图 2-44 所示。

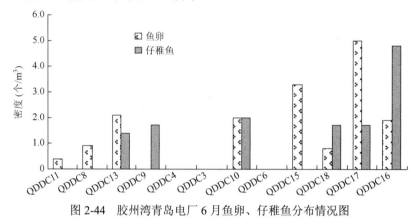

图 2-44 胶州湾青岛电厂 6 月鱼卵、仔稚鱼分布情况图

在冬季环境水温较低时，温排水有利于鱼卵仔稚鱼的生长繁殖。漳州后石华阳电厂温升区域的水平网样中鱼卵种类数略低于非温升区域，温升区域的仔鱼种类数和密度明显高于非温升区域。

2.4 温排水对海洋生态灾害的影响

温排水对海洋生态灾害的影响主要体现在局部海域水体温度以及营养盐含量的异常变化，导致某些生物大规模暴发而产生一定的生态灾害。对调查的几家电厂所处的海域而言，赤潮灾害和水母灾害是两种最主要的灾害。当然，这两种灾害的发生是否与温排水有直接关系，还需要研究学者进行大量的调查与研究工作。本节主要初步探讨象山港赤潮灾害和胶州湾水母灾害与滨海电厂温排水的关系。

2.4.1 赤潮灾害

1. 发生区域

乌沙山电厂投产前（2005 年 12 月前），赤潮发生区域主要在象山港的中部和象山港口附近,在港底海域发生的赤潮较少,根据近 11 年的统计,仅 2001 年 5 月发生了 1 次;而电厂投产后(2006 年 1 月~2011 年)则在港底发生的赤潮较多,共有 11 次,由此可见,近年来象山港港底赤潮发生频率有增多的趋势,具体如图 2-45 所示。

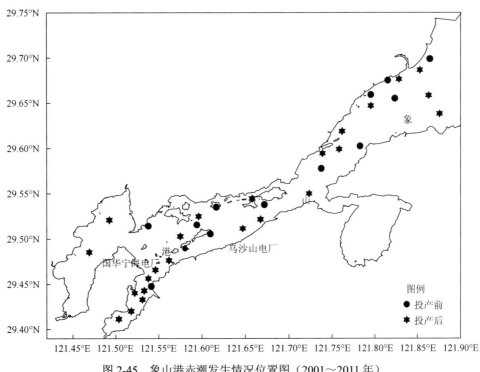

图 2-45　象山港赤潮发生情况位置图(2001~2011 年)

2. 发生时间

从赤潮发生的时间看,投产前赤潮发生时期主要集中在 5~9 月气温较高的月份,而在投产后发生的 16 次赤潮中,有 5 次是发生在气温较低的 1~3 月,且在这些气温较低时段发生赤潮的地点都在象山港港底的黄墩港和铁港海域。

3. 赤潮生物种类

从赤潮优势种组成来看,在电厂投产前的优势种主要为红色中缢虫、具齿原甲藻、红色裸甲藻、聚生角刺藻等。每年出现的优势种均有所不同,优势种在电厂投产前种类相对较多和分散,在投产后赤潮优势种出现次数最多的为中肋骨条藻,其占了投产后赤潮发生次数的约 50%,其他优势种则为红色中缢虫等。

4. 原因分析

象山港中部的乌沙山电厂和港底的象山港国华宁海电厂温排水的复合效应,导致象山港海域水温升高,加之港底水交换能力较差,最终形成冬季或冬春之交港底海域海水的持续高温,进而其成为诱发赤潮的一个重要因素。

赤潮发生的物质基础和首要条件是海水富营养化,象山港港底水交换能力较差,而近年来城市工业废水和生活污水大量排入海中，使营养物质在水体中富集，造成海域富营养化，从而为赤潮的发生提供了物质基础。中肋骨条藻是一种广温、广盐的近岸性硅藻，在水温为 0～37℃、盐度为 13‰～36‰范围内均可生长（王桂兰等，1993）。

基于丰富的营养物质和种源基础，在冬季和春季之交电厂温排水排放的邻近海域水温升高，达到某些赤潮生物生长繁殖的适宜温度，从而诱发赤潮的发生。

2.4.2　水母灾害

一般认为全球气候变暖是水母灾害暴发的主要原因之一。在用海项目中，核电站遭受水母灾害的概率远高于其他用海项目。全球变暖使海水温度升高，该温度更适宜水母繁殖，从而水母数量成倍增长。华盛顿大学的海洋学家詹尼弗·伯塞尔发现，在全球至少 11 个海域的水母成灾与气候变暖有关联。此外，海洋变暖使得水母中的一些物种扩大了活动范围，它们不但每年出现的时间提前，而且整体数量也在增加。

2012 年 6 月下旬～7 月中旬，胶州湾青岛电厂泵房取水口海月水母数量异常增多，需要人工清理过滤网来维持循环水系统的正常运行。调查结果显示，胶州湾内海月水母高密度区出现在胶州湾青岛电厂海泊河口邻近海域，至 6 月底，密集区平均密度约为 $25×10^4$ 个/km^2，生物量约为 $2.8×10^4 kg/km^2$，平均伞径为 13.2cm，数量较往年明显偏高。

自 2009 年暴发水母灾害以来，每年 7 月前后，胶州湾青岛电厂邻近海域都发生海月水母旺发现象，它们密集分布在海泊河口。同时，胶州湾内的黄岛电厂邻近海域也存在海月水母旺发概率远高于电厂外部海域的现象，胶州湾青岛电厂温排水排放与该海域水母旺发频率增高可能有一定联系。

第3章 滨海电厂温排水生态影响实验

温排水对海洋生态环境影响的研究方法有很多,除了通过现场调查获得相关资料进行分析研究外,还可设计相关实验,有针对性地研究温排水产生的海洋生态环境影响。本章主要围绕滨海电厂邻近海域现场围隔实验和余氯对海洋生物影响的室内实验展开,以此探讨滨海电厂温排水温升、余氯对海洋生态环境的影响,为后续海洋生态损害评估提供技术依据。作为起源于现代海洋生态系统现场研究的重要手段,围隔实验已被诸多学者应用于水域生态环境研究中,然而本书系首次将此方法应用于我国滨海电厂生态环境影响评估中。

3.1 围隔实验

围隔实验应用于滨海电厂温排水影响研究中,使生物实验环境条件与自然状况相似,特别是在滨海电厂温排水排放邻近海域设置海上围隔,可以较好地识别海洋生态系统对环境变化的响应,有效弥补其他调查手段的不足。

现场围隔实验的方法相对于实验室法具有诸多优点:第一,围隔实验一般在现场进行,环境条件与自然状况相似,这是室内模拟难以达到的,所得结果能较好地反映自然生态系统的真实状况(Li,1990);第二,在保持部分海洋生态系统特征的基础上,可以在相当长的时间内(数天至数月)从围隔实验装置内反复取样,这对于浮游生物研究至关重要,同时相对于自然环境中难以连续测定浮游生物的不连续变化也更为简单;第三,围隔实验是生态系统水平的实验,可以提供生态系统尺度的信息,而室内实验通常只能进行单种群或几个种群的研究,一般获得的是种群尺度的信息;第四,围隔实验可以有目的地控制生态系统,并以此了解生态系统功能、生物群落等对各种环境变化和化学污染物等的响应,以及营养盐和化学污染物等对生态系统的影响及其影响过程和机制等(侯继灵,2006)。综上所述,利用现场围隔实验可以系统地、定量地研究海洋生态系统对温排水的响应。通过在象山港国华宁海电厂温排水温度异常区内,选择示范区域开展海上围隔实验,综合目标生物的室内实验结果,确定污染损害对象及受损程度,最终获取温排水对生物多样性的污染损害评估和动力模型所需的关键参数,从而为开展温排水对生物多样性损害的评估和生态补偿估算提供基础。

3.1.1 原理与方法

1. 实验原理

海洋围隔实验采用人工方法把自然海水围起来(张春雷,2006),通过人工设计生态结构或干预生态因子变化,获得实验结果。由于围隔实验系统与周围水环境隔离开来，它是一个相对独立的生态系统，所以能够基本维持围隔内的物质恒定，同时兼备与自然状况相似的环境条件，从而可在此基础上开展自然变化或人为活动对生态系统影响的研究。围隔实验水体积一般为 $1 \sim 10^3 m^3$（Rajadurai et al.，2005）。在滨海电厂温排水造成的水温异常区域，根据温度梯度，在不同温度分布的海域设置组合的海上围隔，通过围隔内的生物量、营养盐以及其他生物、化学指标等来反映海洋生态系统对环境变化的响应。

2. 实验方法

（1）站位布设

围隔实验水域布置的确定，一般以水深、海流条件适宜，交通便利的海域为宜，同时站位布设区域的海水温度应存在一定的梯度。

根据前期调查和实验结果，选取象山港国华宁海电厂温排水造成的海水温度异常区域，即不同温升包络线范围内分别设置 3 组围隔：第 1 组布设在温升 1℃线外，第 2 组布设在温升 0.3～1℃线内，第 3 组作为对照布设在温度异常区外。将 3 个区域分别设定为显增温区（M1）、弱增温区（M2）和自然温升区（对照区）（M3）。M1 区相比 M3 区的温升记为 ΔT1，M2 区相比 M3 区的温升记为 ΔT2。M1 区距离排水口的距离为 1.84km，M2 区距离排水口的距离为 2.57km，M3 区距离排水口的距离为 3.40km。围隔实验站位分布及具体位置，如图 3-1 所示。

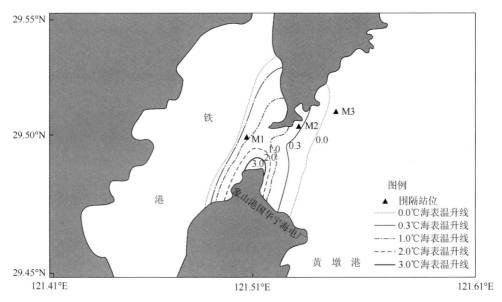

图 3-1　围隔实验站位分布图

（2）实验装置

围隔实验装置由浮球、围隔袋、力纲、底盘组成（图 3-2）。设计围隔袋为不透水和透水两种类型，直径均为 1m，容水量分别为 $2.4m^3$ 和 $2.0m^3$。围隔装置采用漂浮式，注水深 1m，水体容量约 $1m^3$。3 个站位各布设 4 个围隔，共计 12 个（图 3-3）。

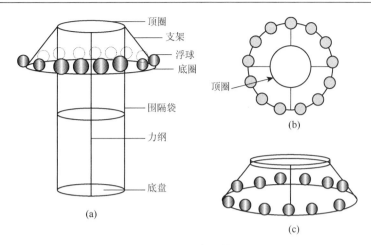

图 3-2　围隔实验装置

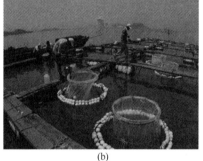

图 3-3　围隔装置实体

（3）实验对象和时间

3 个站位各布设 4 个围隔（2 个不透水、2 个透水）。根据多年历史调查资料以及围隔实验本底调查结果，选取象山港水域多年最常见的浮游植物优势种琼氏圆筛藻和浮游动物优势种太平洋纺锤水蚤作为实验对象。每组围隔实验装置围隔袋布设实验对象，见表 3-1。

表 3-1　各围隔实验装置及检测项目简介

站位（不同温升区）	围隔装置号	通透性	实验对象
M1/M2/M3	1	不透水	对照区海水生态系统
	2	不透水	实验区海水生态系统
	3	透水	浮游植物（琼氏圆筛藻）
	4	透水	浮游动物（太平洋纺锤水蚤）

2011 年 6 月 29 日～7 月 5 日，周期为 7 天。3 个围隔实验区域同时采样，每天采样频率以潮汐涨落变化确定为 4 个时段：涨憩、涨转落、落憩及落转涨。同时在各围隔站位进行每日 24h 的水温连续监测。时间记录为"日时分"（格式如：290739）。

3.1.2 温升对海洋水质的影响

对比各温升区 1 号围隔在实验期间各水质指标变化情况（图 3-4）可以发现，叶绿素 a 在整个实验期间总体呈现 M2 区＞M3 区＞M1 区，M1 区在实验前期叶绿素 a 急剧下降，M2 区与 M3 区呈现上升趋势，可见温升对 M1 区的围隔内的生物损害效应十分明显，验证了电厂 2005 年建成投入使用后，叶绿素 a 较 2004 年建成前急剧下降的历史资料。

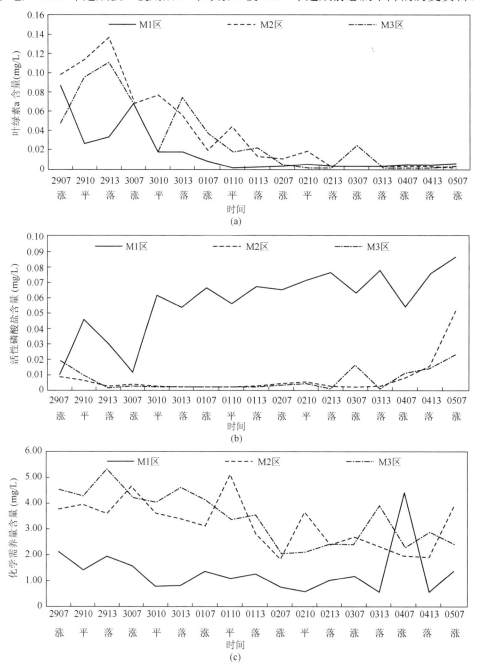

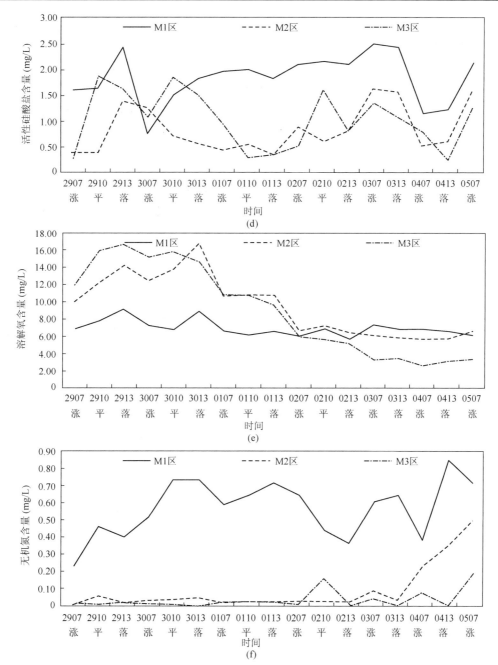

图 3-4 不同温升条件下围隔水体各指标（溶解氧、化学需养量、无机氮、营养盐和叶绿素 a）
随时间变化状况分布图

横坐标四位数字，前两位表示日期，后两位表示时间（h）

由于水体环境中溶解氧的状况在很大程度上决定着水生生物的生命活动，因此溶解氧是新陈代谢过程所必需的物质条件之一。水体中的溶解氧含量越低，且低于一定程度时，会危害浮游生物的生长，对生态环境造成影响。本次围隔实验的前 3d，各温升区的溶解氧表现为 M3 区＞M2 区＞M1 区，从第 4d 开始，溶解氧下降到 6.10～6.74mg/L，

M1 区与 M2 区的溶解氧在浮游植物生长所需的极限值 6.40mg/L 附近浮动，M3 区的溶解氧急剧下降，直至最低，总体溶解氧含量变为 M1 区＞M2 区＞M3 区。由于水中溶解氧的减少，M1 区的化学需氧量在实验时间也显著低于 M2 区和 M3 区。

在营养盐方面，M1 区围隔内的活性磷酸盐、活性硅酸盐和无机氮都显著高于 M2 区和 M3 区，可见浮游植物的大量减少导致其对水中营养盐吸收的减少，并且有部分营养盐释放入水中，使得围隔内营养盐随着实验的进行不断升高。

1. 温升对溶解氧的影响

不同站位围隔区域内外溶解氧随时间变化分布情况，如图 3-5 所示。围隔外溶解氧保持一定程度的稳定，但围隔内溶解氧含量先是增加，后是随着时间的变化而降低，其与温度的变化趋势相反。

由图 3-6 可知，3 个围隔水体中溶解氧含量变化趋势相同，随着时间的增加，溶解氧含量均表现出逐渐降低的趋势。6 月 29 日、30 日溶解氧含量是 M3 区＞M2 区＞M1 区，并且 30 日溶解氧达到整个调查区域的最大值 16.90mg/L，随后各站位的温度都开始上升，相应的溶解氧含量开始下降，但总体上是 M1 区＞M2 区＞M3 区。

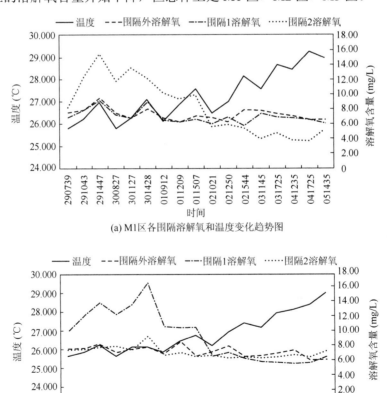

(a) M1区各围隔溶解氧和温度变化趋势图

(b) M2区各围隔溶解氧和温度变化趋势图

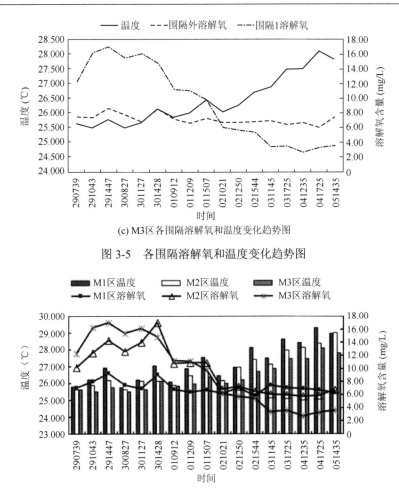

(c) M3区各围隔溶解氧和温度变化趋势图

图 3-5　各围隔溶解氧和温度变化趋势图

图 3-6　不同温升区围隔 1 内溶解氧含量和温度随时间变化趋势

就变化程度而言，M3 区变化范围最大，M2 区变化范围次之，M1 区变化范围最小，一直维持在 6～8mg/L。相比 M3 区，对受到温升影响的 M2 区和 M1 区而言，0.8℃的温升区的溶解氧含量一直维持比较低的含量水平，而 0.4℃的温升区前 3d 溶解氧含量亦低于 M3 区，后 4d 却高于 M3 区。实验后期几天，溶解氧含量高于 M3 区，这与实验水体生态系统的变化等机理有关，还需进一步研究。

总体来说，温升对水体溶解氧含量产生了明显影响，0.8℃和 0.4℃温升均降低了水体溶解氧含量。

2. 温升对化学需氧量的影响

（1）围隔内外化学需氧量变化特征

由图 3-7 可知，实验期间，无论是涨潮，还是落潮，3 个围隔实验区（温升 0.8℃、温升 0.4℃和 M3 区）围隔水体内外化学需氧量含量变化规律相同，围隔内水体化学需氧量含量远大于围隔外，这与围隔水体封闭产生了大量耗氧有机物有关。

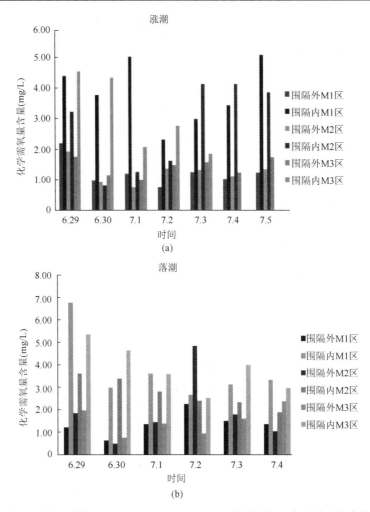

图 3-7　围隔内外（M1 区、M2 区、M3 区）化学需氧量含量随时间变化

（2）不同温升条件下围隔内化学需氧量的变化

由图 3-8 可知，无论是涨潮，还是落潮，水体中化学需氧量含量基本表现为温升高的水体（M1）低，次温升区（M2）含量其次，M3 区化学需氧量含量最高。可见温升对化学需氧量含量影响明显。

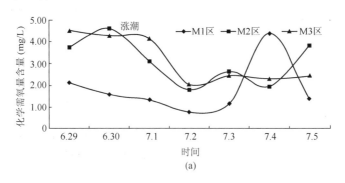

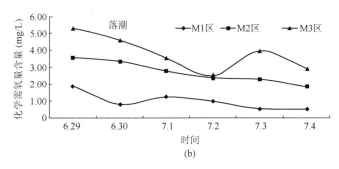

图 3-8　不同温升区围隔 1 内化学需氧量含量随时间变化趋势图

3. 温升对氨氮的影响

（1）围隔内外氨氮变化特征

由图 3-9 可以看出，①涨潮时，围隔外随着温升降低而升高，表现为 M1 区＜M2 区＜M3 区，围隔 1 在不同温升区有下降后升高的趋势，围隔 2 与围隔 1 中变化相反，围隔内与围隔外对比没有规律性变化；②涨转落时，围隔外氨氮含量表现为 M3 区＜M1 区＜M2 区，围隔 1、围隔 2 变化及围隔内与围隔外对比同涨潮时；③落潮时，围隔外氨氮含量变化与涨转落时一致，围隔 1 随着温升降低而降低，围隔 2 与围隔 1 中变化相反，围隔内与围隔外对比未呈现规律性。

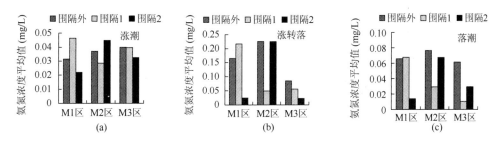

图 3-9　同一温升区不同围隔内外水体氨氮浓度平均值变化图

无论是涨潮，还是落潮，无论是温升高的区域，还是温升低的区域，围隔内外氨氮平均含量变化规律性不明显，这可能是由温升区、潮汐等叠加效应而引起。

（2）不同温升条件下围隔内氨氮的变化

3 个温升区围隔水体氨氮浓度值在 1 周内变化的趋势，如图 3-10 所示，调查结果表明：①涨潮时，M1 区氨氮浓度先升高且在 7 月 1 日达到峰值，然后开始下降，7 月 5 日又突然升高；②涨转落时，M1 区和 M2 区氨氮浓度在 6 月 30 日～7 月 2 日基本保持较小的变化，M3 区氨氮浓度一直在升高。涨潮、涨转落和落潮时氨氮浓度与温度变化的相关性不是很明显。

总体来说，温升对水体氨氮浓度有一定影响，0.8℃温升对水体氨氮浓度影响明显，温升增加了水体氨氮浓度，其在落潮调查时表现得更为明显，但尚未发现 0.4℃温升对氨氮浓度的变化影响。

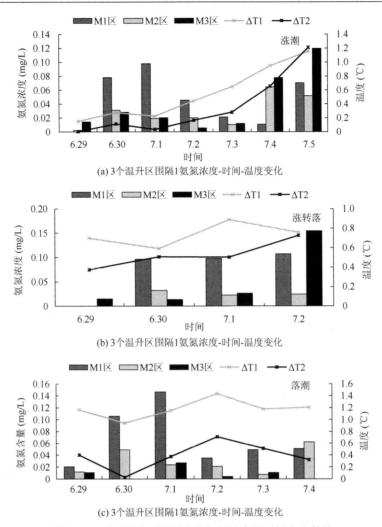

图 3-10 不同温升区围隔水体氨氮浓度随时间变化趋势

4. 温升对活性磷酸盐的影响

（1）围隔内外活性磷酸盐变化特征

实验期间，无论是涨停，还是落停，围隔外活性磷酸盐含量均高于围隔内（图 3-11），说明围隔环境内由于生物的生长等化学反应引起营养盐的吸收消耗，但又得不到及时补充。

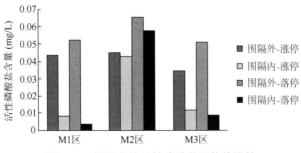

图 3-11 围隔内外活性磷酸盐平均值比较

相对于围隔外，围隔内水体 M1 区、M2 区和 M3 区的活性磷酸盐含量较低，可见置于围隔内的浮游生物并没有因为所处环境的变化而降低对营养盐的吸收，间接验证了 1 号围隔内浮游生物对活性磷酸盐的吸收效率降低主要来自于水温的升高。2 号围隔内的活性磷酸盐平均浓度相对于 M1 区和 M3 区显著增加，但是其浓度值变化规律与围隔外相同，原因需结合浮游植物的生物量数据做进一步分析。

（2）不同温升条件下围隔内活性磷酸盐的变化

由图 3-12 可以看出，无论是涨停，还是落停，不同温升区域内活性磷酸盐浓度有一定的分布规律，平均值均为 M1 区＞M2 区＞M3 区，并且 M1 区的浓度值显著大于其他区域，对比其他营养盐也有相同趋势。

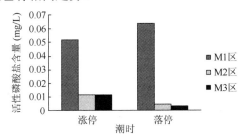

图 3-12　不同温升对围隔水体活性磷酸盐含量平均值比较

温升一方面加速了水体中营养盐的分解和转化，另一方面可能造成围隔内的浮游植物等吸收营养盐的效率下降，导致 M1 区的活性磷酸盐浓度显著增加。总体来说，温升增加了水体的活性磷酸盐含量。

5. 温升对叶绿素 a 的影响

（1）围隔内外叶绿素 a 变化特征

由图 3-13 可知，围隔内 M1 区、M2 区和 M3 区叶绿素 a 含量高于围隔外，可见围隔内水体的环境并没有抑制反而促进了浮游植物的生长。同时还可看出，与 M1 区和 M3 区相比，M2 区围隔内水体叶绿素 a 平均浓度增加不明显，这还需结合其他原因，如浮游植物的生物量数据做进一步分析。

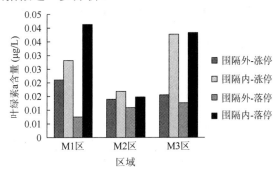

图 3-13　围隔内外叶绿素 a 含量平均值比较

（2）不同温升条件下围隔内叶绿素 a 的变化

围隔水体，在时间序列上和涨停时叶绿素 a 浓度平均值均为 M2 区＞M3 区＞M1 区，并且 M1 区的浓度值显著低于其他区域（图 3-14）。

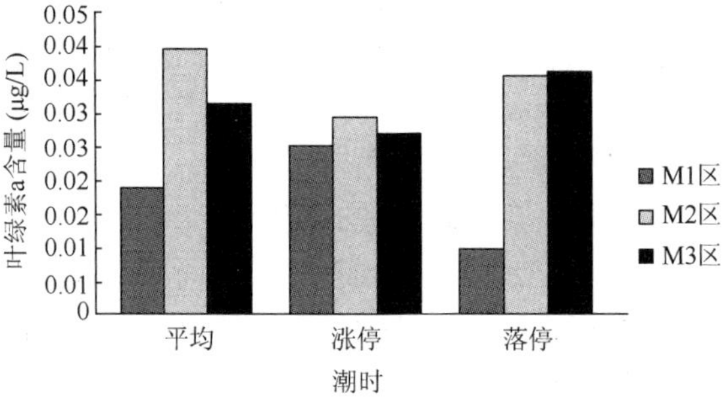

图 3-14 不同温升对围隔水体叶绿素 a 含量平均值比较

可见温度的升高使得围隔内的浮游植物大量死亡，从而造成 M1 区的叶绿素 a 含量显著降低，而 M2 区域的温升幅度似乎有利于浮游植物的生长，在落停时，M1 区的叶绿素 a 含量下降的更加明显，而 M2 区与 M3 区叶绿素 a 含量平均值则基本持平。总体来说，0.8℃的温升降低了水体叶绿素 a 含量，而 0.4℃的温升却能增加水体叶绿素 a 含量。

6. 温升对水质影响关键因子筛选

通过显增温区（M1）、弱增温区（M2）和自然温度区（对照区）（M3）的现场围隔控制实验，研究不同季节不同温升对相同生态系统中水质的影响。通过统计检验和计算效应大小的方法，完成温升对海洋环境中水质影响关键因子的筛选和影响程度的确定。M1 区与 M3 区不同指标的样本间的影响效应大小及显著性 t 检验，见表 3-2。根据计算结果可知，M1 区围隔生态系统温度变化范围为 25.77～29.27℃，平均温度为（27.22±1.12）℃，相比 M3 区平均温升为 0.8℃。按照 Cohen's d 值计算 0.8℃温升对主要水质指标的影响效应，大小排序为：亚硝酸盐＞硝酸盐＞化学需氧量＞溶解氧＞活性磷酸盐＞氨氮＞活性硅酸盐＞叶绿素 a。Hedge's g 值计算结果与 Cohen's d 值一致，除活性硅酸盐、叶绿素 a 外，筛选出的其他指标进行显著性检验，其差异均显著（$P<0.05$）。

表 3-2 夏季 M1 区与 M3 区各指标效应大小及显著性

指标	水温	溶解氧	化学需氧量	氨氮	活性磷酸盐
Cohen's d 值	0.823	−1.459	−3.114	0.927	1.336
Hedge's g 值	0.804	−1.409	−3.007	0.895	1.290
显著性检验	2.400	−3.574	−7.630	2.272	3.272
t 值	$P<0.025$	$P>0.1$	$P>0.1$	$P<0.025$	$P<0.005$

指标	活性硅酸盐	硝酸盐	亚硝酸盐	悬浮物	叶绿素 a
Cohen's d 值	0.658	4.673	5.359	0.250	−0.589
Hedge's g 值	0.635	4.512	5.174	0.242	−0.564
显著性检验	1.612	11.447	13.126	0.613	−1.317
t 值	$P<0.1$	$P<0.001$	$P<0.001$	$P>0.1$	$P>0.1$

M2 区围隔生态系统温度变化范围为 25.60～29.01℃，平均温度为（26.81±1.04）℃，相比 M3 区有 0.4℃的平均温升，但其显著性检验差异不明显（$P > 0.10$），温升的区分度不是很大。M2 区与 M3 区不同指标的样本间的影响效应大小及显著性 t 检验，见表 3-3。按照 Cohen's d 值和 Hedge's g 值，其温升影响效应顺序为：溶解氧＞亚硝酸盐＞悬浮物＞硝酸盐＞化学需氧量＞活性硅酸盐。对于溶解氧、悬浮物、化学需氧量、活性硅酸盐这几个指标，显著检验结果显示 $P > 0.1$，温升对其影响差异从统计学上不很明显，但从生物学意义上，$d > 0.5$，有较大的影响。

表 3-3 夏季 M2 区与 M3 区各指标效应大小及显著性

指标	水温	溶解氧	化学需氧量	氨氮	活性磷酸盐
Cohen's d 值	0.431	−1.171	−0.800	−0.021	0.429
Hedge's g 值	0.420	−1.131	−0.772	−0.203	0.414
显著性检验	1.256	−2.869	−1.959	−0.516	1.051
t 值	$P > 0.1$	$P > 0.1$	$P > 0.1$	$P > 0.1$	$P > 0.1$
指标	活性硅酸盐	硝酸盐	亚硝酸盐	悬浮物	叶绿素 a
Cohen's d 值	−0.722	0.807	0.938	−0.830	0.339
Hedge's g 值	−0.697	0.779	0.905	−0.801	0.324
显著性检验	−1.769	1.976	2.297	−2.033	0.757
t 值	$P > 0.1$	$P < 0.05$	$P < 0.025$	$P > 0.1$	$P > 0.1$

3.1.3 温升对海洋浮游生物的影响

1. 温升对浮游生物密度及多样性的影响

（1）温升对浮游植物密度及其多样性的影响

M1 区与 M3 区不同指标的样本间的影响效应大小及显著性 t 检验，见表 3-4。根据计算结果可知，M1 区围隔生态系统温度变化范围为 25.77～29.27℃，平均温度为（27.22±1.12）℃，相比 M3 区平均温升为 0.8℃。按照 Cohen's d 值计算得出 0.8℃温升对浮游植物密度、香农-威纳多样性指数的影响效应均较小。

表 3-4 夏季 M1 区浮游植物各指标效应大小及显著性

指标	水温	密度（取 lg）	香农-威纳多样性指数
Cohen's d 值	0.823	−0.4207	−0.1674
Hedge's g 值	0.804	−0.4074	−0.1621
显著性检验 t 值	2.400（$P < 0.025$）	−1.072（$P > 0.1$）	−0.4268（$P > 0.1$）

M2 区围隔生态系统温度变化范围为 25.60～29.01℃，平均温度为（26.81±1.04）℃，相比 M3 区有 0.4℃的平均温升，但其显著性检验差异不明显（$P > 0.10$），温升的区分度不

是很大。M2 区与 M3 区不同指标的样本间的影响效应大小及显著性 t 检验，见表 3-5。按照 *Cohen's d* 值和 *Hedge's g* 值，其温升影响效应对浮游植物香农-威纳多样性指数影响较大。

表 3-5　夏季 M2 区浮游植物各指标效应大小及显著性

指标	水温	密度（取 lg）	香农-威纳多样性指数
Cohen's d 值	0.431	−0.4217	−0.6878
Hedge's g 值	0.420	−0.4084	−0.6661
显著性检验 t 值	1.256（$P>0.1$）	−1.075（$P>0.1$）	−1.754（$P<0.05$）

（2）温升对浮游动物密度及其多样性的影响

M1 区与 M3 区不同指标的样本间的影响效应大小及显著性 t 检验，见表 3-6。根据计算结果可知，M1 区围隔生态系统温度变化范围为 25.77～29.27℃，平均温度为（27.22±1.12）℃，相比对照区平均温升为 0.8℃。按照 *Cohen's d* 值和 *Hedge's g* 值计算得出 0.8℃温升对浮游动物密度及其多样性指数影响程度较高，且显著性差异明显。

表 3-6　夏季 M1 区浮游动物各指标效应大小及显著性

指标	水温	密度（取 lg）	香农-威纳多样性指数
Cohen's d 值	0.823	−0.7063	−3.538
Hedge's g 值	0.804	−0.6840	−3.426
显著性检验 t 值	2.400（$P<0.025$）	−1.800（$P<0.05$）	−9.020（$P<0.001$）

M2 区围隔生态系统温度变化范围为 25.60～29.01℃，平均温度为（26.81±1.04）℃，相比 M3 区有 0.4℃的平均温升，但显著性检验差异不明显（$P>0.10$），温升的区分度不是很大。M2 区与 M3 区不同指标的样本间的影响效应大小及显著性 t 检验，见表 3-7。按照 *Cohen's d* 值和 *Hedge's g* 值，其温升影响效应对浮游动物密度及其多样性指数影响程度较高，且显著性差异明显。

表 3-7　夏季 M2 区浮游动物各指标效应大小及显著性

指标	水温	密度（取 lg）	香农-威纳多样性指数
Cohen's d 值	0.431	−0.8324	−2.467
Hedge's g 值	0.420	−0.8061	−2.389
显著性检验 t 值	1.256（$P>0.1$）	−2.122（$P<0.025$）	−6.290（$P<0.001$）

2. 温升影响的定量分析

（1）温升对叶绿素 a 损害定量分析

a. 叶绿素 a 与环境因子的相关性分析

利用 SPSS19.0 软件分析 2011 年 6 月 29 日～7 月 5 日围隔实验期间共 17 次的水样

数据中叶绿素 a 与温升、水温、溶解氧、化学需氧量和营养盐等环境因子之间的关系
（表 3-8）。

表 3-8　围隔内的叶绿素 a 与环境因子的相关系数（n=17）

项目	温升	水温	溶解氧	化学需养量	活性硅酸盐	活性磷酸盐	无机氮
M1	−0.582	−0.615	0.331	0.238	−0.430	−0.906	−0.529
M2	−0.324	−0.67	0.757	0.586	−0.136	−0.204	−0.376
M3	0	−0.658	0.796	0.779	0.475	−0.152	−0.245

在温升方面，叶绿素 a 与 M1 区温升的相关性为−0.582，与 M2 区的相关性为−0.324，说明 M1 区的浮游植物的生长更容易受温升的影响。

在营养盐方面，M1 区的叶绿素 a 浓度与活性磷酸盐呈现高度的负相关，相关系数为−0.906，与无机氮的相关系数为−0.529，但 M2 区和 M3 区与活性磷酸盐、无机氮的相关性较小，说明 M1 区活性磷酸盐和无机氮溶度的增加主要是由生物量的大量减少引起的，且活性磷酸盐的相关性大于无机氮。罗益华（2008）对象山港海域水质状况分析的结论为：象山港水体处于高氮低磷状态，可见在该海区磷相对于氮更能成为浮游植物生长的限制因子。活性硅酸盐与叶绿素 a 的相关性不明显。

溶解氧与浮游植物的代谢释放氧气有关，围隔内溶解氧的含量变化可以间接反映浮游植物的生长，M2 区与 M3 区溶解氧的相关性远大于 M1 区，这与 3 个温升区叶绿素 a 含量的差异有关。

b. 温升对叶绿素 a 损害的定量分析

比较各温升区围隔内的叶绿素 a 含量的总平均值（图 3-15），可以看出在实验期间围隔外各温升区的叶绿素 a 含量变化不大。1 号围隔中 M1 区的叶绿素 a 含量显著低于 M2 区和 M3 区，M1 区相对于 M3 区温升 0.8℃，M1 区的叶绿素 a 含量相对于 M3 区减少了 45%；M2 区温升为 0.4℃，但是其叶绿素 a 的含量较 M3 区升高了 26%。

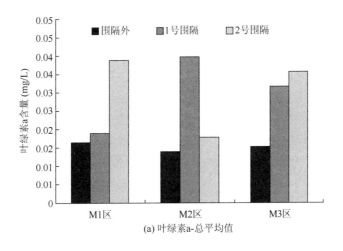

(a) 叶绿素a-总平均值

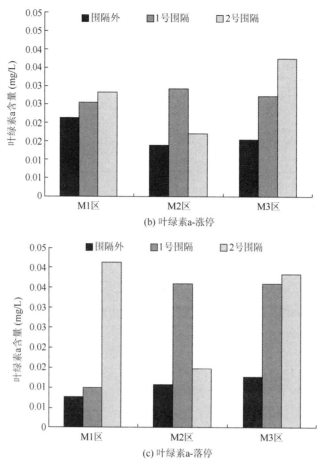

图 3-15　各温升区叶绿素 a 平均值比较

2 号围隔内的叶绿素 a 含量均高于围隔外,说明围隔环境是有利于浮游植物生长的,其中 M1 区的 2 号围隔与 1 号围隔差异最为明显(2.06 倍),间接验证了 M1 区的温升对 1 号围隔内浮游植物是有损害的。

对比涨落潮时的平均浓度可知,各温升区落停时期较涨停时期的差异性加剧,可见在近海围隔实验中,潮汐变化对实验结果的影响是不容忽视的。M3 区 1 号围隔和 2 号围隔内均为对照区海水,可视作实验平行组,平均偏差为 0.013。

温排水对浮游植物的利弊影响与电厂的温升幅度、海区状况、营养盐状况等密切相关,仅运用历史监测数据或进行室内实验都无法定性、定量地反映温升对浮游植物的影响程度。通过对本次海上围隔实验不同温升区的叶绿素 a 含量的差异变化分析,结果表明,平均温升 0.8℃,浮游植物叶绿素 a 平均浓度下降 45%;平均温升 0.4℃,叶绿素 a 平均浓度上升 26%。因此可以得出温排水对浮游动物损害的初步定量结论:对于象山港国华宁海电厂邻近海域温排水,温升超过 0.8℃,会导致 45% 以上的生物受损害,而当温升小于 0.4℃,则有利于生物生长或对生物生长影响较小。

(2)温升对浮游植物的损失估算——以琼氏圆筛藻为例

在对实验数据进行单个样本检验后得出各组海水水质及生物样本数据的显著性水平

Sig.（significance）值均小于 0.01，表明 99%以上的样本均通过样本双边检验，采用逐步筛选因子法，以琼氏圆筛藻（*Coscinodiscus jonesianus*）生物量作为因变量，选取主要水温为主要因子，定量分析水温变化所导致的象山港国华宁海电厂邻近海域浮游植物优势种——琼氏圆筛藻生物量的变化情况。

琼氏圆筛藻生物量与温升（℃）曲线拟合过程，为满足拟合度的要求（一般为 0.6～0.7 或 0.7 以上），选取了 13 组数据进行曲线拟合分析。分析结果表明（张惠荣等，2013），琼氏圆筛藻生物量（$\times 10^4$ 个细胞/m³）相对于水温升高（℃）的响应关系呈现一增一减两个趋势：①温升为 0.2～0.79℃时，琼氏圆筛藻生物量随水温的升高而增加；②温升为 0.80～2.00℃时，琼氏圆筛藻生物量随水温的升高而减少。

a. 统计模型Ⅰ（温升 0.2～0.79℃）

各曲线中对数曲线的拟合度最高，为 0.750。*F* 检验（方差分析）结果 Sig.值远小于 0.01，说明模型成立的统计学意义非常显著。

根据对数曲线拟合结果，采用温升为影响因子，统计分析琼氏圆筛藻生物量随水温的升高的变化情况，建立统计模型Ⅰ（图 3-16），如式（3-1）所示。

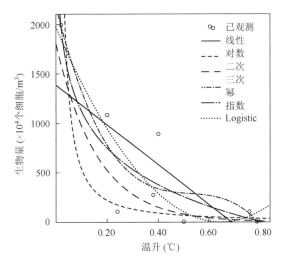

图 3-16　琼氏圆筛藻与温升拟合关系拟合曲线Ⅰ

$$\Delta N=-536.027 \times \ln(\Delta T)-113.123 \qquad (3\text{-}1)$$

式中，ΔT 为水温变化（℃）；ΔN 为琼氏圆筛藻的生物量变化（$\times 10^4$ 个细胞/m³）。

b. 统计模型Ⅱ（温升 0.80～2.00℃）

与预测模型Ⅰ相似，各曲线中对数曲线的拟合度最高，为 0.672。*F* 检验（方差分析）结果 Sig.值等于 0.01，说明模型成立的统计学意义显著，如图 3-17 所示。

根据对数曲线拟合结果，建立统计模型Ⅱ，如式（3-2）所示。

$$\Delta N=-119.86 \times \ln(\Delta T)-26.80 \qquad (3\text{-}2)$$

式中，ΔT 为水温变化（℃）；ΔN 为琼氏圆筛藻的生物量变化（$\times 10^4$ 个细胞/m³）。

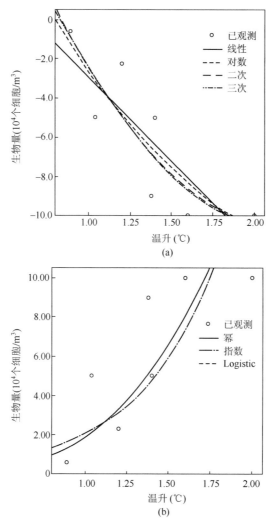

图 3-17　琼式圆筛藻与温升拟合关系拟合曲线 II

　　根据模型计算，结果表明：温升为 0.80～2.00℃，不利于琼氏圆筛藻的生长，即呈负相关。水温升高 1.0℃，琼氏圆筛藻的生物量减少 6.38%；水温升高 1.5℃，琼氏圆筛藻的生物量减少 17.95%；水温升高 2.0℃，琼氏圆筛藻的生物量减少 26.17%。且在此温升范围内，琼氏圆筛藻生物量的减少速率随水温的升高而减小。

　　海上围隔实验的设计温升在 2℃以下，数值计算结果包含 2℃以上的温升影响范围。根据上述响应关系式，推算 2℃以上强温升与生物量的关系，估算得到水温升高 3℃，生物量减少 37.73%；水温升高 4℃及以上，生物量平均减少 57.51%。

3.2　余氯对海洋生物的影响实验

　　滨海电厂以周围海水作为冷却水体，为了防止水生生物对冷却系统的阻塞，采取连续或间歇添加液态氯来去除污损生物或降低生物附着活性，其在我国电厂冷却系统中得到普遍应用。余氯及其产物具有强氧化性，除能抑制水生生物生长外，还能与水中的无机物和有机物反应产生有毒的副产物，如冰溴酸、溴仿等卤化物或其他有毒物质。含有余氯的温排水排入电厂周边海域，会导致水体中浮游生物和鱼卵仔鱼的损伤，乃至对海洋生态产生影响，无可争议是负面的、有害的。本节分别以三角褐指藻、真刺唇角水蚤、大黄鱼、南美白对虾和拟穴青蟹为研究对象，设计余氯毒理影响实验，研究水中余氯对海洋生物的影响。

3.2.1　实验设计

1. 受试生物的选择

三角褐指藻：是单细胞硅藻，取自厦门大学近海海洋环境科学国家重点实验室。采用 f/2 培养基，在温度为 20℃、冷色荧光灯、光强度为 40μmol/（m²·s）（光周期为 12h：12h）的条件下进行室内培养。每天手动充分摇瓶 2～3 次，并随机调换三角烧瓶以减少实验光照差异。待细胞培养至对数生长期（～10^5 个细胞 ml），收集细胞用于实验。

真刺唇角水蚤：于 2009 年 9 月在厦门湾中部水域用浅水 II 型网水平拖曳获得。1h 内转移到实验室内用大口的滴管将动物挑出，放于加有饵料的过滤海水（5L）中暂养。暂养条件为温度 20℃，光照强度为 40μmol/（m²·s）（光周期为 12h：12h）。饵料生物为等量的小球藻（*Chlorella vulgaris*）和叉鞭金藻（*Dicrateria* sp.）。实验动物暂养不超过 2d，实验时挑选健康活跃的动物。

大黄鱼：受试实验标本由宁德水产技术推广站养殖场提供。大黄鱼仔鱼规格为 3～6 日龄，体长为 0.5～0.8cm；稚鱼规格为 8～10 日龄，体长为 1～1.8cm；幼鱼规格为 15～20 日龄，体长为 2.5～3cm（前期实验材料）。点蓝子鱼鱼卵由东海水产研究所海南琼海研究基地提供。点蓝子鱼鱼卵受精后备用。

南美白对虾：仔虾幼体时期相对较久，选择南美白对虾的仔虾作为受试生物。南美白对虾仔虾的暂养条件为：温度（28±2）℃，盐度 15±1，曝气，黑暗，食物为卤虫无节幼体。

拟穴青蟹：实验用拟穴青蟹亲本从南海自然海域采集，在东海水产研究所海南琼海研究基地暂养。亲本产下大眼幼体，将其收集回实验室，进行实验用。

2. 余氯试剂的配制

实验开始前，先向实验用的过滤海水中加入定量 NaClO，使氯的初始浓度达到 2mg/L，以充分消耗海水中需氯物质。通过余氯分析仪（哈纳 HI93701，意大利）来测定余氯浓度。待加氯海水中余氯浓度衰减至低于（0.01mg/L）时，再加入适量已经配制好浓度为 1g/L 的 NaClO 溶液，以达到实验设置浓度，并保持实验中余氯浓度相对稳定。

3.2.2　实验方法

1. 对三角褐指藻的影响实验方法

于 f/2 培养液中滴加 2mg/L 的余氯母液，调节余氯浓度分别为 0.1mg/L、0.2mg/L、0.3mg/L、0.4mg/L、0.6mg/L 和 0.8mg/L，然后分别接入指数期的三角褐指藻，接种浓度

为 0.8×10^5 个细胞 ml,每个处理设置 3 个重复。将其置于温度为 20℃、冷色荧光灯、光照强度为 40μmol/（$m^2 \cdot s$）（光周期为 12h：12h）的条件下连续观察培养 24h。实验结束时,检测最终余氯的浓度,以便获得余氯浓度的平均值。

三角褐指藻的生长通过测定细胞浓度和色素含量来获得。用贝克曼颗粒计数器测定细胞数。叶绿素和胡萝卜素含量的测定,取 20ml 培养液,通过 Whatman GF/F 滤膜过滤,用 10ml 纯甲醇萃取,在 4℃黑暗条件下过夜。然后在 5000g 离心 5min 后,用分光光度计测定数值。叶绿素和胡萝卜素的估算方程分别参考 Porra（2002）。

此外,实验过程中,测定相对电子传导率（rETR）和光化学效率（Fv′/Fm′）的值,可以获得余氯对浮游植物光合作用的影响。

2. 对真刺唇角水蚤的急性毒理实验方法

以真刺唇角水蚤为受试生物,将其移至装有 80ml 预定浓度余氯溶液的烧杯中。余氯浓度分别为 0mg/L、0.1mg/L、0.2mg/L、0.3mg/L、0.4mg/L、0.6mg/L 和 0.8mg/L,每组有 3 个重复。实验组在 20℃黑暗条件下培养,分别于第 2h、第 4h、第 6h、第 8h、第 10h、第 12h、第 16h 和第 24h 记录死亡个数。取初始余氯浓度与 24h 余氯浓度的平均值作为实验余氯浓度。

在实验得出的安全浓度下,再进行余氯对其摄食和呼吸率的影响实验。

3. 对鱼类的影响实验方法

根据黄洪辉等的研究,当余氯浓度低于 0.02mg/L 时,无论作用时间多长,都不会对海洋生物产生毒性作用。因此,余氯浓度低于 0.02mg/L 时毒性不予考虑。

据此,实验中设定毒性实验所用余氯浓度为 0.02~0.20mg/L。设定大黄鱼毒性实验中所用余氯浓度为 0mg/L（对照组）、0.02mg/L、0.08mg/L、0.14mg/L、0.20mg/L。对大黄鱼仔鱼的实验温度为 20℃,对稚鱼和幼鱼的实验温度为 18℃,对点蓝子鱼受精卵孵化和存活率影响的实验温度为 25℃。

实验过程中,每个浓度设置 5 个平行样,再将驯化好的鱼苗放入实验水体,先使其稳定 30min 后开始计时,然后分别在第 2h、第 4h、第 8h、第 12h、第 18h、第 24h、第 36h、第 48h、第 60h、第 72h、第 96h 记录死亡尾数（考虑到仔鱼对饵料的需求较大,且仔鱼在第 36~第 48h 时就逐渐开口,需要摄食,所以实验时间确定为 24h）。

4. 对南美白对虾仔虾的影响实验方法

以南美白对虾仔虾作为受试生物,各设 5 个实验组（0.02mg/L、0.08mg/L、0.14mg/L、0.20mg/L、0.26mg/L）、1 个对照组,每组设 3 个平行样,每个平行样实验用水体积约为 1000ml,实验期间每 6h 更换 1 次溶液,实验温度控制在（28±2）℃,盐度选择 15±1。

在实验过程中需要投饵,而投入的食物会影响余氯浓度,为保证实验水体中的余氯浓度,在换水前 2h 投饵。将驯化好的受试生物放入实验水体,稳定 30min 后开始计时,分别在第 2h、第 4h、第 8h、第 12h、第 18h、第 24h、第 36h、第 48h、第 60h、第 72h、第 96h 记录死亡尾数。

补充实验中，设置 8 个实验组，1 个对照组，浓度分别为 0mg/L（对照组）、0.02mg/L、0.05mg/L、0.10mg/L、0.15mg/L、0.20mg/L、0.25mg/L、0.30mg/L 和 0.40mg/L，每组设 3 个平行样，每个平行样实验用水体积为 100ml，实验期间每 4h 加余氯母液一次，使氯浓度达到实验浓度，温度控制在（25±1）℃，盐度选择 25±1。实验期间不投喂饵料，记录各时段的死亡个体数。

5. 对拟穴青蟹大眼幼体的影响实验方法

以拟穴青蟹大眼幼体 I 期作为受试生物，设 8 个实验组（0.02mg/L、0.05mg/L、0.10mg/L、0.15mg/L、0.20mg/L、0.25mg/L、0.30mg/L、0.40mg/L）、1 个对照组（0mg/L），每组设 3 个平行样，每个平行样实验用水体积约为 100ml，实验期间每 4h 加余氯母液 1 次，实验温度控制在（30±1）℃，盐度选择 25±1。

将受试生物放入实验水体，稳定 30min 后开始计时，分别在第 2h、第 4h、第 8h、第 12h、第 18h、第 24h、第 36h、第 48h、第 60h、第 72h、第 96h 记录死亡尾数。实验过程中不投饵料。

6. 对四角蛤蜊的影响实验方法

以四角蛤蜊成体作为受试生物，各设 5 个实验组（0.25mg/L、0.50mg/L、1.0mg/L、2.0mg/L、4.0mg/L）、1 个对照组，每组设 3 个平行样，每个平行样实验用水体积约为 3000ml，实验期间每 6h 更换 1 次溶液，实验温度控制在（20±2）℃，盐度选择 25±1。

将受试生物放入实验水体，稳定 30min 后开始计时，分别在第 2h、第 4h、第 8h、第 12h、第 18h、第 24h、第 36h、第 48h、第 60h、第 72h、第 96h 记录死亡尾数。实验过程中不投饵料。

7. 实验数据处理方法

以实验开始和结束时的余氯浓度的平均值作为余氯的各实验组实验浓度。

安全浓度（estimated no-effects value）按照 Mattice 和 Zittel（1976）计算方法，$C_s=LC_{50}\times F_s$，其中 F_s 为安全系数，取值 0.37。

3.2.3　余氯浓度控制方法

1. 余氯浓度测定方法

余氯的测定方法虽然较多，但不论是从灵敏度、准确度、精度还是从操作的简便性来说，都不太理想。目前较为理想的方法是分光光度法（DPD）和 DPD-Fe$_2$SO$_4$ 滴定法。这两种方法能测定不同形态的余氯，且灵敏度较好，还能测定较低浓度的余氯，可以满足余氯对水生生物毒害作用研究的要求。

2. 海水中余氯的衰减

余氯在水体中很不稳定，尤其在含有有机物或还原性无机物水中更容易被分解。余氯在最初的一段时间内衰减迅速，随着时间的延长，浓度衰减速率变缓，余氯的衰减与诸多因素有关，其中主要因素为水温、日照、现场水质等。其影响因素中日照和现场水质的影响作用大于其他因素，特别是在余氯衰减的最初阶段更为明显（图3-18～图3-20）。实验条件：盐度 30，红光，温度 20℃。

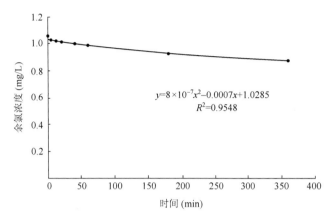

图 3-18　总余氯在海水中的衰减曲线（浓度：1.2mg/L）

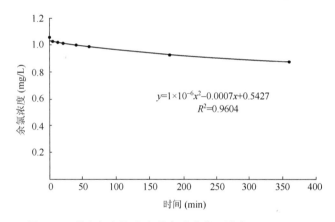

图 3-19　总余氯在海水中的衰减曲线（浓度：0.6mg/L）

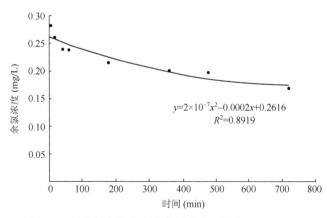

图 3-20　总余氯在海水中的衰减曲线（浓度：0.3mg/L）

3. 余氯浓度控制方法

配制好的余氯浓度原液仍然不稳定，在日光、氨氮等作用下会进一步衰减。为了得到相对稳定的余氯浓度原液，我们将安替福民在稀释 16700 倍条件下放置 8h，发现在 2~8h 内余氯浓度为 0.36~0.27mg/L；并认为在稀释后 2~8h 内余氯浓度稳定（图 3-21）。

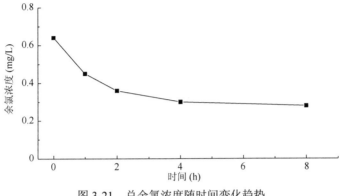

图 3-21　总余氯浓度随时间变化趋势

由于余氯具有随时间而衰减的特点，类似重金属独立实验一样，固定一个浓度进行毒理实验不可能实现。为了实验进展，需要使余氯浓度相对恒定，对此，要在余氯测定方法完成后进一步研究余氯控制问题。现有实验证明，光、悬浮物、营养盐和水色等因素对余氯测定结果都有影响。

余氯浓度控制主要通过以下三点。

第一，为使实验液中的余氯含量保持稳定并有充足的溶解氧，需要设计流动连续加氯装置。

第二，鉴于 ClO^- 和 $HClO$ 见光易分解的特点，不涉及光合作用的实验计划应在暗室中进行。

第三，在实验中定期测定实验液中的余氯含量，同时调整流动连续加氯的浓度和数量。

3.2.4　实验结果

1. 余氯对浮游植物的影响——以三角褐指藻为例

（1）对细胞密度、光合色素含量的影响

经过 24h 培养，0mg/L、0.1mg/L、0.2mg/L 三个浓度余氯梯度，细胞密度从（0.8±0.01）×10^5 个细胞/ml 分别增长至（2.18±0.03）×10^5 个细胞/ml、（2.06±0.04）×10^5 个细胞/ml 和（0.96±0.06）×10^5 个细胞/ml。当余氯浓度高于 0.2mg/L，实验组的细胞密度呈现降低趋势，与上述浓度组存在显著差异（图 3-22）。

当余氯浓度为 0mg/L 和 0.1mg/L 时，叶绿素含量则是由（0.35±0.03）μg/ml 分别增加至（0.78±0.02）μg/ml 和（0.74±0.02）μg/ml。在余氯浓度为 0.2mg/L 的实验组中，叶绿素含量变化很小。当浓度为 0.4mg/L 时，叶绿素基本消失。

胡萝卜素变化与叶绿素基本一致，当余氯浓度为 0mg/L 和 0.1mg/L 时，培养 24h 后胡萝卜素含量从（0.017±0.002）μg/ml 分别增加至（0.35±0.007）μg/ml 和（0.34±0.005）μg/ml。当余氯浓度进一步增加时，胡萝卜素含量则开始降低。

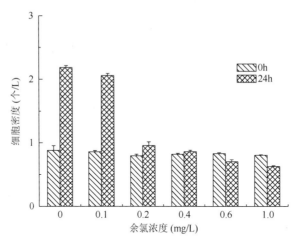

图 3-22 不同浓度余氯对浮游植物（三角褐指藻）生长的影响（24h，20℃）

（2）对光合作用的影响

余氯浓度为 0.2mg/L 和 0.4mg/L 时，细胞最大相对电子传导率分别降低了 11%和 74%；浓度＞0.4mg/L 时，未发现细胞光合作用（图 3-23）。

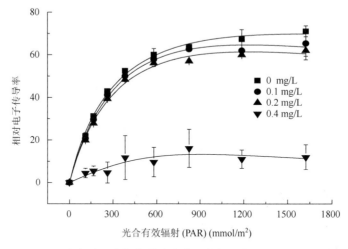

图 3-23 余氯对三角褐指藻光合作用的相对电子传递率的影响

在 20℃、细胞接种浓度约为 $1.0×10^5$ 个细胞/ml 的条件下，余氯浓度为 0.1mg/L 时，与对照组相比，细胞的最大光化学量子产量未受到明显抑制；余氯浓度为 0.2mg/L 时，细胞的最大光化学量子产量在降低之后，可逐渐恢复至正常水平；而余氯浓度＞0.2mg/L 时，则无法恢复（图 3-24）。

总余氯对三角褐指藻的半抑制浓度（IC_{50}）为 0.262mg/L［方程为 $y=0.7951×\exp(x/-0.4267)-0.06655$（$R^2=0.97839$）］，安全浓度按照 Mattice 和 Zittel（1976）计算方

法，$C_s = IC_{50} \times F_s$，其中 F_s 为安全系数，取值 0.37（图 3-25）。运用应用系数推算出安全浓度为 0.096mg/L。

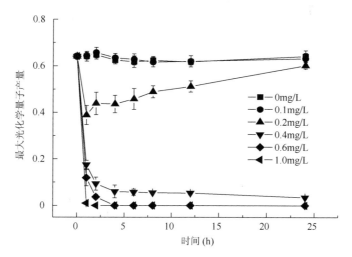

图 3-24 余氯对三角褐指藻光化学效率的影响（20℃，细胞浓度约为 1.0×10^5 个细胞/ml）

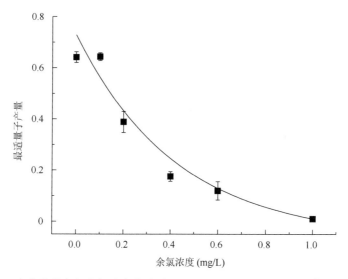

图 3-25 光化学效率与余氯浓度的关系（24h，20℃，细胞为 1.0×10^5 个细胞/ml）

（3）与热冲击的协同对三角褐指藻的影响

实验表明，当温度为 15～25℃时，各组间细胞的相对电子传导率无显著差异。而当温度为 35℃，细胞的相对电子传导率则受到明显的抑制。

当添加余氯浓度为 0.15mg/L，温度为 15～30℃时，各组间无显著差异；而当温度为 35℃和 40℃时，光化学量子产量则显著降低。并发现 35℃时，余氯与温度的协同作用明显（图 3-26）。

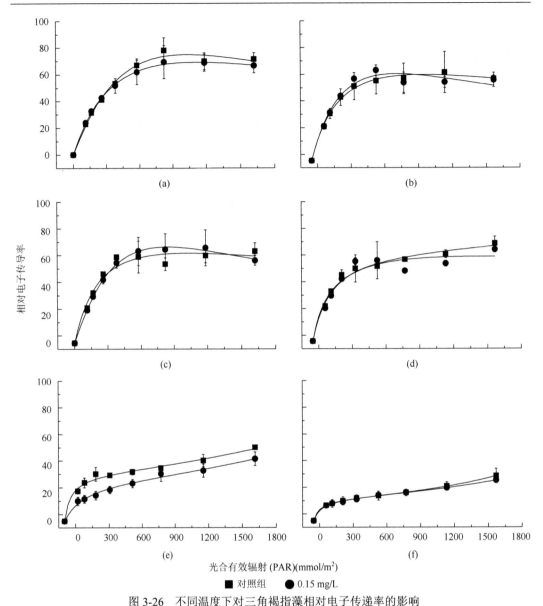

图 3-26　不同温度下对三角褐指藻相对电子传递率的影响

（a）15℃、（b）20℃、（c）25℃、（d）30℃、（e）35℃、（f）40℃，热冲击 1h，余氯浓度为 0.15mg/L

2. 余氯对真刺唇角水蚤的影响

（1）对真刺唇角水蚤死亡率的影响

真刺唇角水蚤的死亡率随着余氯浓度和实验时间的增加而增加，此外，死亡率在实验初期增加较迅速，8h 时增加最快，之后增速变缓（图 3-27）。真刺唇角水蚤在 24h 时，0.1mg/L、0.2mg/L、0.3mg/L、0.4mg/L、0.6mg/L 和 0.8mg/L 的死亡率分别为（14.1±1.5）%、（15.5±3.3）%、（24.3±5.2）%、（39.2±2.2）%、（42.0±9.7）%和（87.9±12.7）%（图 3-28）。

以实验开始和结束时的余氯浓度的平均值为横坐标，死亡率为纵坐标，拟合出余氯浓度和真刺唇角水蚤死亡率的方程，得出余氯对真刺唇角水蚤的半致死浓度（24h LC_{50}）

为 0.58mg/L，安全浓度为 0.21mg/L。

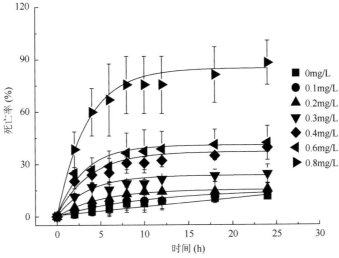

图 3-27　0～24h 内不同余氯浓度条件下真刺唇角水蚤的死亡率

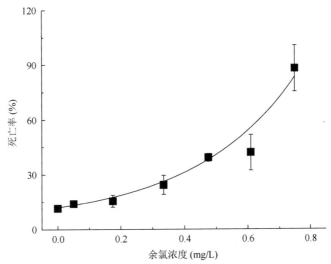

图 3-28　24h 时不同余氯浓度条件下真刺唇角水蚤的死亡率

（2）对真刺唇角水蚤摄食的影响

真刺唇角水蚤在对照组和 0.2mg/L 余氯浓度的条件下，清滤率分别为（0.12±0.01）×10^4ml/（个·h）和（0.08±0.02）×10^4ml/（个·h）；滤食率分别为（0.63±0.05）×10^4ml/（个·h）和（0.42±0.08）×10^4ml/（个·h）（图 3-29）。与对照组相比，0.2mg/L 余氯条件下，真刺唇角水蚤的清滤率和滤食率分别降低了 33.8% 和 32.6%。

（3）对真刺唇角水蚤呼吸率的影响

在 0mg/L、0.1mg/L 和 0.2mg/L 余氯浓度的条件下，真刺唇角水蚤 4h 内的呼吸率分别为（0.69±0.10）mg/（个·h）、（0.59±0.08）mg/（个·h）和（0.56±0.04）mg/（个·h）（图 3-30）。与对照组相比，0.1mg/L 和 0.2mg/L 余氯浓度的条件下，真刺唇角水蚤的呼吸率分别降低了 14.6% 和 18.9%。

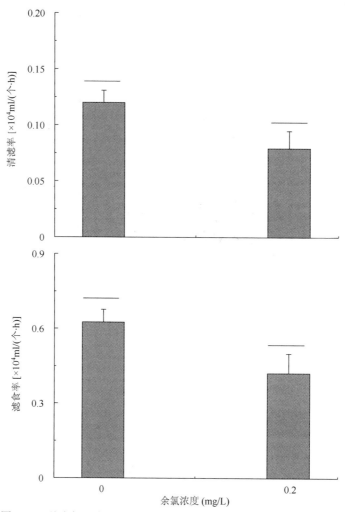

图 3-29　总余氯对真刺唇角水蚤清滤率和滤食率的影响（0.2mg/L）

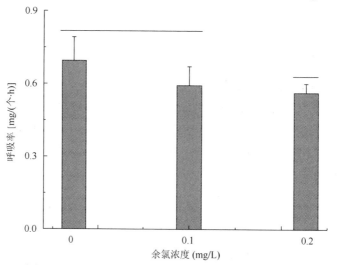

图 3-30　不同浓度总余氯对真刺唇角水蚤呼吸率的影响

3. 余氯对鱼类的影响

（1）对大黄鱼仔鱼的影响

在 24h 观察实验中，20℃条件下，大黄鱼仔鱼包括对照组在内的各余氯浓度条件下死亡率都比较高，最大值出现在 0.08mg/L 浓度组，为 77.51%，0.14mg/L 和 0.2mg/L 浓度组死亡率反而较低，显示出浓度对大黄鱼死亡影响不大；各浓度组大黄鱼仔鱼死亡率仅仅表现出随时间延长而逐渐增大的趋势，死亡率在 18～24h 出现较大幅度增加（图 3-31）。

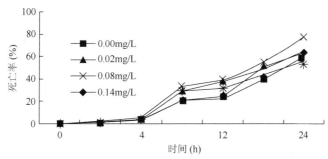

图 3-31　不同余氯浓度条件下大黄鱼仔鱼的死亡率

在显著性水平为 0.05 的条件下，采用成对样本均值差异分析法对各余氯浓度组大黄鱼仔鱼死亡率差异显著性进行 t-检验（表 3-9），对照组和 0.02mg/L、0.08mg/L 浓度组之间、0.02mg/L 与 0.20mg/L 浓度组之间、0.08mg/L 与 0.14mg/L 浓度组之间的 P 值均大于 0.05，不存在显著性差异。

表 3-9　20℃时不同余氯浓度大黄鱼仔鱼死亡率差异 t-检验（$P=0.05$）

浓度（mg/L）	0.00	0.02	0.08	0.14	0.20
0.00	—	0.046	0.024	0.202	0.276
0.02	—	—	0.118	0.203	0.046
0.08	—	—	—	0.031	0.059
0.14	—	—	—	—	0.989

注：当 $P>0.05$ 时，浓度组之间死亡率差异为不显著

通过显著性水平 0.05 条件下，不同浓度组大黄鱼仔鱼死亡率均值差的单因素方差分析（表 3-10），$F=0.13<F_{0.05}$（4，30）$=2.69$，$P=0.97>0.05$，故在显著性水平 0.05 下认为：各浓度条件下，大黄鱼仔鱼死亡率的均值显著性差异不明显。

表 3-10　20℃时不同余氯浓度大黄鱼仔鱼死亡率差异的单因素方差分析（$P=0.05$）

差异源	平方和	自由度	均方	F 值	P 值	临界值	显著性
组间	342.68	4	85.67	0.13	0.97	2.69	
组内	19047.32	30	634.91	—	—	—	不显著
总计	19390	34	—	—	—	—	

注：当 $P>0.05$ 时，浓度组之间死亡率差异为不显著

（2）对大黄鱼稚鱼的影响

在 96h 观察实验中，18℃条件下，大黄鱼稚鱼包括对照组在内的各余氯浓度条件下死亡率都比较高，死亡率最大值出现在 0.08mg/L 浓度组，为 79.15%；而 0.14mg/L 和 0.20mg/L 浓度组反而较低。死亡率在 60～84h 出现较大幅度增加（图 3-32）。

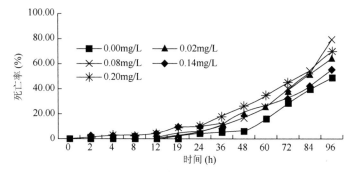

图 3-32　不同余氯浓度条件下大黄鱼稚鱼的死亡率

在显著性水平为 0.05 的条件下，采用成对样本均值差异分析法对各余氯浓度组大黄鱼稚鱼死亡率差异显著性进行 t-检验（表 3-11），对照组与其他 4 个浓度组、0.02mg/L 浓度组与 0.20mg/L 浓度组、0.14mg/L 浓度组与 0.20mg/L 浓度组的死亡率均值存在显著性差异；其他各浓度组之间比较，$P > 0.05$，其显著性差异不明显。

表 3-11　不同余氯浓度引起大黄鱼稚鱼死亡率差异 t-检验（$P=0.05$）

浓度（mg/L）	0.00	0.02	0.08	0.14	0.20
0.00	—	0.01	0.02	0.00	0.00
0.02	—	—	0.41	0.74	0.00
0.08	—	—	—	0.51	0.08
0.14	—	—	—	—	0.04

注：当 $P > 0.05$ 时，浓度组之间死亡率差异为不显著

在显著性水平为 0.05 的条件下，对不同浓度组大黄鱼稚鱼死亡率均值差进行单因素方差分析（表 3-12），$F=0.33 < F_{0.05}(4，60)=2.53$，$P=0.85 > 0.05$，故在显著性水平 0.05 下认为：各浓度条件下，大黄鱼仔鱼死亡率的均值显著性差异不明显。

表 3-12　不同余氯浓度引起大黄鱼稚鱼死亡率单因素方差分析（$P=0.05$）

差异源	平方和	自由度	均方	F 值	P 值	临界值	显著性
组间	603.26	4	150.82	0.33	0.85	2.53	
组内	27111.64	60	451.86	—	—	—	不显著
总计	27714.91	64	—	—	—	—	

注：当 $P > 0.05$ 时，浓度组之间死亡率差异为不显著

根据以上结果，认为在 18℃条件下，不同浓度余氯对大黄鱼稚鱼的存活率的影响是波动的，从最大死亡率表现在 0.08mg/L 浓度组（79.15%）说明，余氯的加入对大黄鱼稚

鱼存活的影响有限。通过单因素方差分析，$P > 0.05$，其不存在显著性差异也说明这一事实。有可能是由于大黄鱼稚鱼开口摄食不久，但为了更好地控制余氯浓度而没有投饵，从而造成稚鱼因摄食不足而死亡。

（3）对大黄鱼幼鱼的影响

在 96h 观察实验中，18℃条件下，大黄鱼幼鱼包括对照组在内 5 个不同余氯浓度条件下的死亡率都不高，最大值出现在 0.02mg/L 浓度组，为 17.76%；0.08mg/L、0.14mg/L 和 0.20mg/L 浓度组死亡率反而较低，最小值出现在对照组，为 10.35%，各浓度组大黄鱼幼鱼死亡率均表现出随时间延长而逐渐增大的趋势（表 3-13，图 3-33）。

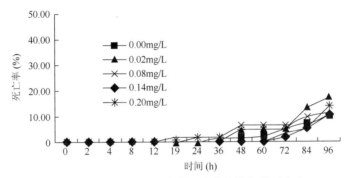

图 3-33　不同余氯浓度条件下大黄鱼幼鱼的死亡率

在显著性水平为 0.05 时，采用成对样本均值差异分析法对各余氯浓度组大黄鱼幼鱼死亡率差异显著性进行 t-检验（表 3-13）。0.14mg/L 浓度组与其他各组死亡率均值之间、0.02mg/L 与 0.20mg/L 浓度组死亡率均值之间存在显著性差异；其余各浓度组死亡率均值之间，P 值均大于 0.05，显著性差异不明显。

表 3-13　不同余氯浓度引起大黄鱼幼鱼死亡率差异 t-检验（$P=0.05$）

浓度（mg/L）	0.00	0.02	0.08	0.14	0.20
0.00	—	0.146	0.106	0.012	0.137
0.02	—	—	0.645	0.018	0.026
0.08	—	—	—	0.017	0.053
0.14	—	—	—	—	0.223

注：当 $P > 0.05$ 时，浓度组之间死亡率差异为不显著

通过在显著性水平为 0.05 条件下，不同浓度余氯对大黄鱼幼鱼死亡率均值差的单因素方差分析（表 3-14），$F=0.72 < F_{0.05}(4, 60)=2.53$，$P=0.58 > 0.05$，故在显著性水平 0.05 下认为大黄鱼幼鱼死亡率的均值显著性差异不明显。

表 3-14　不同余氯浓度引起大黄鱼幼鱼死亡率单因素方差分析（$P=0.05$）

差异源	平方和	自由度	均方	F 值	P 值	临界值	显著性
组间	50.04	4	12.51	0.72	0.58	2.53	
组内	1046.90	60	17.45	—	—	—	不显著
总计	1096.94	64	—	—	—	—	

注：当 $P > 0.05$ 时，浓度组之间死亡率差异为不显著

根据以上结果，可以认为：不同浓度余氯对大黄鱼幼鱼的影响不大。低浓度余氯组较早出现死亡，高浓度余氯组在 60h 时才出现死亡，显示出余氯影响的不确定性。

（4）对点蓝子鱼受精卵孵化和存活的影响

a. 25℃48h 的实验结果

从表 3-15 可以看出，在 48h 实验中，25℃条件下，观察点蓝子鱼鱼卵在各个余氯浓度条件下的孵化率。各浓度组间不存在明显差异，余氯对鱼卵的孵化影响较小。

表 3-15　不同余氯浓度下点蓝子鱼鱼卵孵化率以及刚孵出仔鱼的死亡率（48h）

浓度（mg/L）	孵化率（%）	死亡率（%）	浓度（mg/L）	孵化率（%）	死亡率（%）
0.00	70.67	0.00	0.20	81.33	94.44
0.02	77.33	0.00	0.25	53.33	94.87
0.05	72.00	3.33	0.30	60.00	100.00
0.10	64.00	31.45	0.40	62.67	100.00
0.15	60.00	79.44	—	—	—

受精卵刚孵出的仔鱼在各余氯浓度条件下死亡率差异大，死亡率最大值出现在高浓度组的 0.30mg/L 和 0.40mg/L，为 100%；而对照组和 0.02mg/L 浓度组均无个体死亡。单因子方差分析，表明各浓度组之间存在显著差异（表 3-16）。当余氯浓度为 0.15mg/L、0.20mg/L、0.25mg/L、0.30mg/L 和 0.40mg/L 时，可显著抑制孵出仔鱼的存活。而余氯浓度为 0~0.05mg/L 时，刚孵出仔鱼的存活率则无显著差异（表 3-17）。

表 3-16　不同余氯浓度对点蓝子鱼刚孵出仔鱼死亡率的单因素方差分析（P=0.05）

变异来源	平方和	自由度	均方	F 值	P 值
区组间	2.62	2	1.31	0.02	0.98
处理间	51176.65	8	6397.08	90.71	0.00
误差	1128.42	16	70.53	—	—
总变异	52307.70	26	—	—	—

注：当 P＞0.05 时，浓度组之间死亡率差异为不显著

表 3-17　不同余氯浓度对点蓝子鱼已孵出仔鱼死亡率差异显著性分析

浓度（mg/L）	死亡率	
	5%显著水平	1%极显著水平
0.00	c	C
0.02	c	C
0.05	c	BC
0.10	b	B
0.15	a	A
0.20	a	A
0.25	a	A
0.30	a	A
0.40	a	A

注：字母相同说明不存在显著差异；小写字母不同说明存在显著差异；大写字母不同说明存在极显著差异

从实验过程观察，余氯浓度在 0.15mg/L 以上的实验组，刚孵出的仔鱼活动力较对照组弱，沉底严重，趋光性减弱。对仔鱼进行镜检，在余氯浓度 0.05mg/L 时就已出现个别畸形个体，高浓度的实验组畸形个体数较多。

以实验余氯浓度值为横坐标，死亡率为纵坐标，拟合出余氯浓度和点蓝子鱼刚孵出仔鱼的死亡率方程：$y=-1018.3x^2+692.75x-13.309$（$R^2=0.9491$）（图 3-34），得出余氯对刚孵化出的仔鱼半致死浓度（48h LC_{50}）为 0.109mg/L，安全浓度为 0.04mg/L。

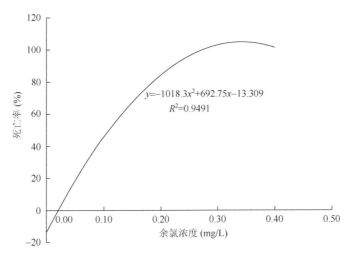

图 3-34　不同余氯浓度下点蓝子鱼刚孵出仔鱼的死亡率（25℃）

b. 30℃24h 的实验结果

在 24h 观察实验中，30℃条件下，点蓝子鱼受精卵在各个余氯浓度条件下孵化率相近，孵化率最大值出现在 0.02mg/L 浓度组，为 96.00%，最小值出现在 0.10mg/L 浓度组，为 62.67%（表 3-18）。余氯各浓度相互间不存在显著差异。

表 3-18　不同余氯浓度下点蓝子鱼鱼卵孵化率及刚孵出仔鱼的存活情况（30℃，24h）

浓度（mg/L）	孵化率（%）	死亡率（%）	浓度（mg/L）	孵化率（%）	死亡率（%）
0.00	81.33	7.68	0.20	82.67	72.12
0.02	96.00	10.85	0.25	84.00	81.00
0.05	90.67	23.06	0.30	84.00	100.00
0.10	62.67	45.25	0.40	65.33	100.00
0.15	68.00	71.48	—	—	—

从表 3-18 和图 3-35 可以看出，在 24h 观察实验中，30℃条件下，点蓝子鱼刚孵出的仔鱼在包括对照组在内的各余氯浓度条件下均有死亡，死亡率最大值出现在高浓度组的 0.30mg/L 和 0.40mg/L，为 100%；而对照组死亡率最低，为 7.68%。当余氯浓度为 0.05mg/L 时，与对照组相比，可显著影响孵化出仔鱼的存活率；而当余氯浓度高于 0.15mg/L 时，与对照组相比，可极显著影响刚孵化出仔鱼的存活率。

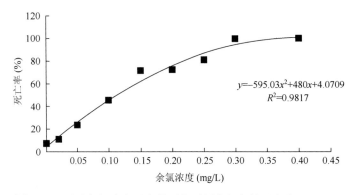

图 3-35　不同余氯浓度下点蓝子鱼刚孵出仔鱼的死亡率（30℃）

以实验起始余氯浓度值为横坐标，死亡率为纵坐标，拟合出余氯浓度和点蓝子鱼刚孵出仔鱼的死亡率方程：$y=-595.03x^2+480x+4.0709$（$R^2=0.9817$）（图 3-35），得出余氯对仔鱼的半致死浓度（24h LC_{50}）为 0.11mg/L，安全浓度为 0.04mg/L。

4. 余氯对南美白对虾的影响

（1）28℃时实验结果

在温度为（28±2）℃，盐度为 15±1，余氯浓度为 0.08mg/L、0.14mg/L、0.20mg/L、0.26mg/L 条件下，南美白对虾仔虾的存活率均值分别为 88.89%、61.25%、56.25%和20.83%（图 3-36）。随着余氯浓度的升高存活率表现为逐渐降低的趋势。

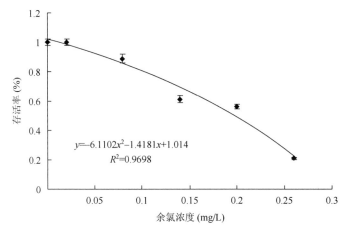

图 3-36　不同浓度余氯对南美白对虾幼体存活率的影响

当余氯浓度低于 0.02mg/L 时，余氯对南美白对虾仔虾的存活几乎没有影响。随着余氯浓度的升高，仔虾存活率的下降表现为先急后缓再急的趋势，当余氯浓度为 0.02～0.14mg/L 时，存活率急速下降，而余氯浓度从 0.14mg/L 升高至 0.20mg/L 时，存活率下降趋势有所减缓，在浓度达到 0.26mg/L 时，存活率急剧下降。

通过分析，得到其拟合趋势线为 $y=-6.1102x^2-1.4181x+1.014$，由此推断其 96h LC_{50}为 0.19mg/L，安全浓度为 0.07mg/L。

（2）25℃时实验结果

随着余氯浓度的升高，仔虾受到一定的影响，在余氯浓度为 0.40mg/L 条件下，南美白对虾仔虾在 96h 的死亡率均值为 54.34%。

从图 3-37 看出，根据各浓度在 96h 死亡率，拟合出一个趋势方程：$y=76.969x^2+81.383x+8.3494$（$R^2=0.683$），得出余氯对仔虾的半致死浓度（96h LC_{50}）为 0.377mg/L，安全浓度为 0.14mg/L。

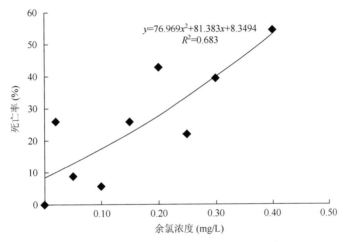

图 3-37　不同浓度余氯下南美白对虾仔虾的死亡率（96h）

5. 余氯对拟穴青蟹大眼幼体的影响

在温度为 30℃，盐度为 30±1，低浓度组为 0.0mg/L、0.02mg/L、0.05mg/L、0.10mg/L、0.20mg/L、0.25mg/L 的条件下，拟穴青蟹大眼幼体在培养 24h 后的死亡率低于 10%，且随着余氯浓度的升高死亡率趋势不明显；最大死亡率存在于 0.40mg/L 浓度组。

通过分析，得到其拟合趋势线为 $y=351.59x^2-54.497x+3.3773$（$R^2=0.8743$），从而得出余氯对大眼幼体的半致死浓度（24h LC_{50}）为 0.45mg/L，安全浓度为 0.17mg/L（图 3-38）。

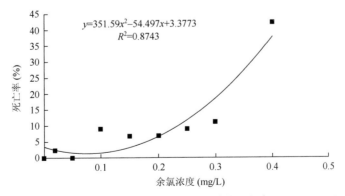

图 3-38　不同余氯浓度下拟穴青蟹大眼幼体的死亡率（24h，30℃）

6. 余氯对四角蛤蜊的影响

四角蛤蜊成体在设定的 0.125mg/L、0.25mg/L、0.50mg/L、1.0mg/L、2.0mg/L、4.0mg/L、

8.0mg/L 浓度条件下，死亡率分别为 0%、0%、5%、8%、28%、35%和 68%，随着余氯浓度的升高死亡率逐渐增加。通过分析得到其拟合趋势线为 $y=-0.0037x^2+0.1144x-0.007$，其中 x 为余氯浓度，y 为个体存活率（图 3-39）。计算其半致死浓度（96h LC_{50}）为 5.4mg/L，安全浓度为 2.0mg/L。贝类对余氯的耐受能力明显强于其他种类。这可能与贝类可通过关闭贝壳短期逃避外界的环境胁迫的能力有关。

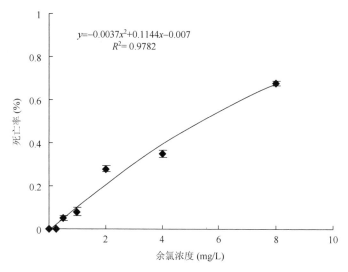

图 3-39　不同浓度余氯对四角蛤蜊幼体死亡率的影响

第4章 滨海电厂温排水监测技术

滨海电厂温排水产生的影响主要集中在局部区域，但由于海洋水体的特性、水动力条件、生态环境等特别复杂，如要详细掌握滨海电厂温排水局部区域的变化，并准确分析温排水对其造成的影响，加强温排水监测技术研究，科学制定监测方案显得尤为重要。滨海电厂温排水影响的监测范围、站位布设以及频率等均需要进行科学合理的设置，并且在数据处理方法上还需要特别注意温升的计算准确与否，因为它关系到生态影响的合理性评估。本章主要探讨温排水的监测范围确定、监测站位布设、监测指标设置、监测频率设定、检测方法和监测数据处理方法等内容，拟为滨海电厂建厂前的环境评价及后续的跟踪监测等工作的开展提供技术支持。

4.1 监测范围确定

在海洋环境调查或监测工作中，监测范围的确定是进行外业调查工作的基础。监测范围太大势必造成调查成本的提升，监测范围太小又不足以掌握调查海域环境状况。温排水影响的监测范围是基于温排水的排放影响范围来确定的，一方面与电厂温排水的排放量有关，另一方面与电厂邻近海域水动力状况也有关。因排入水体的热量，一方面随水体进行扩散，另一方面向大气释放，所以温排水影响区域仅限于局部海域。监测范围确定是出现温升的区域，重点关注的是温升>1℃的包络海域。当然海洋水体除了流动性以外，为了准确计算温升值，在监测区域外，还需设置对照站。

4.1.1 国内外电厂温升范围研究概况

日本在温排水对环境影响的评估过程、评价体系、海洋生物的研究、公众的关注以及减少温排水对环境的影响所采取的对策等方面研究得较深入。1987年，日本资源能源厅颁布的《温排水环境影响调查暂行规定》中要求：预测排水口水温上升1℃的范围；对温升超过2℃（渔场温升超过1℃）的范围进行评估和补偿。日本敦贺核电厂1℃温升水体范围为78km²（13km×6km）。

吴传庆等（2006）利用TM影像监测大亚湾核电站温排水热污染，分析结果表明，温排水造成的3℃以上的异常区，夏季为0.75km²，冬季为1km²，2003年改排放方向后，冬季为1.5km²。

李海珠（2007）利用数学模型研究表明，我国秦山核电站一期、二期、二期扩建及三期七台机组同时运行，温排水流量为290m³/s，在核电排放口处，小潮4℃和1℃温升的包络范围面积分别为0.60km²和33.5km²。

杨芳等（2007）对紧临南海的广东粤电博贺发电厂（2×100万kW，排水量为130m³/s，温升为9℃）夏季大潮期温升的数值进行模拟，结果表明，0.5℃温升的扩散长度和宽度分别为8.69km和1.22km，扩散面积为10.18km²；1.0℃温升的扩散长度和宽度分别为

4.60km 和 0.81km，扩散面积为 3.10km^2；2℃温升的扩散长度和宽度分别为 2.89km 和 0.58km，扩散面积为 1.17km^2；4℃温升扩散长度和宽度分别为 1.14km 和 0.37km，扩散面积为 0.22km^2。就扩散距离来说，大潮期扩散程度明显大于小潮期，大潮期 0.5℃温升扩散面积明显大于小潮期，但其他温升值下扩散面积相差较小。

江苏射阳港电厂一期、二期工程（275MW+275MW）已投产使用，温排水在夏季的排放量为 10m^3/s，冬季为 6m^3/s；第三期工程（2×600MW）在原厂址扩建，温排水通过长约 4km 的明渠和排放暗管排入黄海。翟水晶等（2008）对江苏射阳港电厂三期的数值模拟的预测结果显示：夏季大潮期 1℃温升涨潮和落潮沿岸方向最远扩散距离分别为 2.40km 和 3.49km，2℃温升涨潮和落潮沿岸方向最远扩散距离分别为 1.47km 和 1.73km，4℃温升涨潮和落潮沿岸方向最远扩散距离分别为 0.36km 和 0.26km。射阳港电厂温排水对邻近海域的温升影响面积最大为 6.69km^2，最小为 0.16km。夏季小潮期温升扩散面积和距离均小于大潮期，冬季大潮期温升扩散面积和距离均小于夏季。

林昭进和詹海刚（2000）研究了大亚湾核电站温排水对邻近水域鱼卵、仔鱼的影响，研究表明，温排水主要影响核电站以东沿岸水域，温升 2℃的范围在 2km 以内，研究还发现，鱼类一般避开温升 1℃以上水域而趋于在进水口水域以及温排水的边缘区域（温升 0.5～1℃）产卵。

4.1.2 典型电厂环评预测温升影响范围

胶州湾青岛电厂环评报告预测一期、二期、三期工程叠加后，排水口 4℃温升包络面积为 0.027km^2，1℃温升包络面积为 1.99km^2。

田湾核电站一期工程为 2 台 1000MWe 机组，排水量为 102m^3/s，环评报告预测全潮最大 4℃、1℃温升包络面积分别约为 3.5km^2 和 18.8km^2，全潮平均 4℃、1℃温升等值线包络面积分别约为 2.0km^2 和 12.7km^2。1℃温升最大左侧、右侧顺岸距离及最大离岸距离分别为 3.29km、1.99km、3.89km。

舟山电厂除在排放口附近全潮最大值不高于 0.1km^2 的范围超过 4℃，全潮平均值超过 4℃的范围不大于 0.04km^2 以外，冷却温排水排放入海后绝大部分海域的温升都小于 4℃，即使在最不利的水文条件下，全潮超过 1℃的最大范围不高于 2.8km^2，平均范围不高于 1.63km^2。

浙能乐清电厂环评预测结果表明，4℃、3℃、2℃、1℃温升包络面积分别为 0.06km^2、0.37km^2、0.88km^2、1.50km^2。

象山港国华宁海电厂环评报告中预测夏季 4℃海表温升包络面积为 0.9km^2，1℃温升包络面积为 11.9km^2；冬季 4℃海表温升包络面积为 2.5km^2，1℃温升包络面积为 16.6km^2。

大唐乌沙山电厂环评报告中预测夏季 4℃海表温升包络面积为 1.6km^2，1℃温升包络面积为 4.5km^2；冬季 4℃海表温升包络面积为 1.6km^2，1℃温升包络面积为 4.5km^2。

漳州后石华阳电厂环评报告中预测全潮平均 4℃温升的包络面积为 0.16km^2，1℃温升包络面积为 2.89km^2。

大亚湾核电站环评报告中预测 4℃温升的包络面积为 5km^2，最远影响距离向东或东南方向为 4km。

从上述 8 个滨海电厂环评报告中可以看到，温升对于生态环境有影响，1℃温升包络面积为 1.5～18.8km^2；4℃温升包络面积为 0.027～5km^2。

4.1.3　监测范围设定原则与方法

温升范围是确定温排水监测范围的核心要素，在温升范围的确定中，建议遵循以下几个原则。

1）当把热量视为保守物质时，不考虑其衰减等物理因素和实际外业监测中的经济适用性。根据《建设项目海洋环境影响跟踪监测技术规程》（简称"技术规程"）估算出的最大扩散距离，即为温排水可能影响到的最远范围，然而水温并非保守物质，因为存在热交换，温度会迅速衰减，其影响范围必定小于该规程估算出的范围。但在目前所批准的标准方法中，采用该规程确定温排水的温升范围是最稳妥的。

2）如果有条件建立数学模型，则在建厂前的环境影响评价中，可以建立数学模型，在特定的海域水动力环境、水文气象、电厂温排水量和排水规律等条件下，初步确定 1℃或 0.5℃温排水的温升影响区域和范围。温升是电厂影响评价中极为关键的参数，在开展运行后的跟踪监测中，应首选参考环境影响评价报告中的温升影响范围。为了消除水温分布的空间差异性，可以根据投产前后水温分布情况、对照区域与温升影响区域投产前水温空间分布的差异，确定对照站的水温校正系数，进而用该校正系数进一步确定电厂温排水的实际影响区域。这种方法更贴合实际，也更经济。

3）遥感监测也是确定温升范围的一个有力工具。通过卫星遥感或航空遥感，可以较为直观地反映电厂温排水的影响范围，从而进一步对温排水口邻近海域的现场监测提供指导。

在对温升混合区范围或温升扩散距离的规定中，温排水影响范围的计算方法主要有以下两种。

1）电厂环境影响评价报告中所采用的数值模拟计算（简称"环评资料"）；

2）《建设项目海洋环境影响跟踪监测技术规程》（2002）中对纵向监测距离的计算。

纵向监测距离为距离滨海电厂所处海域外缘两侧分别不小于一个潮程。

$$L=V\times3600\times6 \tag{4-1}$$
$$L=V\times3600\times12 \tag{4-2}$$

式中，L 为潮程（m）；V 为潮段平均流速（m/s）。

式（4-1）适用于半日潮流海区，式（4-2）适用于全日潮流海区。

分别将上述 3 种计算方式估算出来的温升影响最远距离列表，同时与实测数据相比较，见表 4-1。

表 4-1　不同数据来源的滨海电厂温排水温升影响最远距离　　　　（单位：km）

数据来源	田湾核电站	舟山电厂	浙能乐清电厂	象山港国华宁海电厂	大唐乌沙山电厂	漳州后石华阳电厂	大亚湾核电站
环评资料	3.89	—	—	—	—	—	4
技术规程	8.64	6.48	19.44	10.80	10.80	10.80	3.67
项目实测	5	1.5	2.1	5.5	5	2.86	2.425

注："—"表示无数据

比较上表中的各组数据，除大亚湾核电站外，各电厂根据《陆源入海排污口及邻近海域监测与评价技术指南》计算出来的扩散距离最小，范围为 0.29～2.61km；采用《建设项目海洋环境影响跟踪监测技术规程》估算出的扩散距离最大，范围为 3.67～19.44km；项目实测温排水温升影响距离范围为 1.5～5.5km，一般来讲，位于半封闭港湾的电厂，本书建议监测范围设置为 5km，这一距离能够满足温升监测的需要。

4.2　监测站位布设

监测站位布设应该考虑断面布设、断面上站位布设及对照站的布设 3 个内容。确定监测站位的时候，需要有针对性地设计方案，确定站位布设原则。断面布设和站位布设需要充分考虑到以下影响因素：不同滨海电厂的源强；机组负荷；海域自然属性、流场情况（顺流、逆流）；排放方式（明排、浅排、深排、远排）等。

4.2.1　断面布设原则

温排水的影响是以点源呈扇形向外扩散的形式，因此断面布设的总体原则一般呈扇形分布（图 4-1）。参考《陆源入海排污口及邻近海域监测与评价技术指南》、《近岸海域环境监测规范》（HJ442—2008），结合研究成果，确定温排水监测断面布设原则如下。

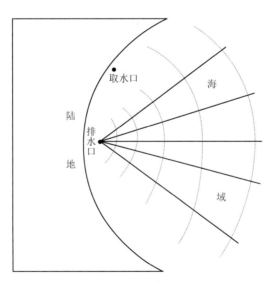

图 4-1　滨海电厂调查断面及站位布设示意图

1）针对滨海电厂温排水类点源扩散、物理场时/空变化快的特性，污染影响监测一般采用收敛型集束式（近似扇形）断面布设较为合理。

2）水质监测站以排水口为放射中心，按扇形布设。水质监测垂直于纵向设 3～5 个断面，其中经过建设项目所处海域中心点的断面为主断面，在主断面两侧各设其他断面 1～2 个。

3）布设水文监测横向断面不少于 3 个，其中经过建设项目所处海域中心点的断面为主断面，两侧分别不少于 1 个。

4）在温排水邻近海域的监测中，设置纵向断面不少于 5 个。以潮流的主轴方向作为纵断面的方向，其中，经过滨海电厂排水口中心点的断面为主要纵断面，其他断面在主要纵断面向海一侧至少布设 4～5 个。

5）布设横向断面不少于 5 个。经过滨海电厂排水口中心点的断面为主要横断面，其他断面在主要横断面两侧分别布设 2～3 个。

4.2.2　监测站位布设

《近岸海域环境监测规范》（HJ442—2008）规定了监测站位布设时应注意"大型海岸工程环境影响监测等专题监测的对照站位应设在基本不受该类污染源或海岸工程污染影响处，并避开主要航线、锚地、海上经济活动频繁区、排污口附近海区；沉积物质量监测站位布设时要考虑入海径流和潮汐作用的影响，一般与水质监测站位相一致；生物监测站位污染源、生物栖息环境状况，与水质、沉积物质量站位相协调"。《建设项目海洋环境影响跟踪监测技术规程》（2002）规定，水文监测在主断面上设置连续监测站位 1～3 个，其他断面设置连续监测站位 1 个，大面监测站位 1～3 个，其中连续监测站位兼大面监测站位，站的间距不小于监测范围的 1/3；水质监测项目在主断面上设置连续监测站位 1 个，每个断面设大面监测站位不少于 3 个，站的间距应自建设项目所处海域中心点向外由密到疏；沉积物和生物监测站位在每个水质断面中选取 1～3 个监测站位。《陆源入海排污口及邻近海域监测与评价技术指南》（报批稿，2011）中规定"根据排污口的影响范围布设水质监测站位，数量一般不少于 6 个；沉积物监测站位应从水质监测站位中选取，其数量应少于水质监测站位，但一般不少于 3 个；生物监测站位应从沉积物监测站位中选取，其数量应少于或等于沉积物监测站位，但一般不少于 2 个"。

针对滨海电厂温排水类点源扩散、物理场时/空变化快的特性，根据温排水扩散特性，参照水温梯度变化进行非均匀布站，在现有监测手段和能力基础上，优化监测方式，更加有效地利用监测资源。非直排入海的电厂项目站位布设范围还应包括温排水排放河道，河道中间依据河道长度和温排水的温度衰减特征布设 2～3 个站位。

（1）水温和余氯监测站位

大面监测站位：每个断面监测站位不少于 3～5 个，其中 1 个布设在取水口、1 个布设在排水口。非直排入海的电厂项目站位布设范围应包括温排水排放河道，河道中间依据河道长度和温排水的温度衰减特征布设 2～3 个站位。

连续监测站位：不少于 5 个。取水口、排水口和对照站位应作为连续监测站位，并保证不位于同一直线上。

（2）其他水文气象与水质监测站位

大面监测站位：每个断面监测站位不少于 3 个，其中 1 个布设在取水口、1 个布设在排水口。若监测范围内存在如养殖区、自然保护区等敏感目标，需相应地增加 1～2

个监测站位。非直排入海的电厂项目站位布设范围还应包括温排水排放河道，河道中间依据河道长度和温排水的温度衰减特征布设 2～3 个站位。

连续监测站位：取水口、排水口和至少 1 个对照站位应作为连续监测站位，并保证不位于同一直线上。

（3）沉积物和生物监测站位

沉积物和生物监测站位应从水质监测站位中选取，其数量可少于水质监测站位，但沉积物站位一般不少于水质监测站位的 50%，生物监测站位一般不少于水质监测站位的 60%。取水口、排水口和对照站位必须是沉积物和生物监测站位，其余监测站位应在水质监测站位中选取。

4.2.3　对照站选择

对照站的选择在温排水监测中显得尤为重要，它直接关系着温升的幅度以及影响面积。对照站的选择因滨海电厂所处的位置、排水量而有所差异，半封闭性港湾和开放式海域温排水的影响范围差异较大，选择有所不同，选取的基本原则是该站不受温排水影响，但不能离得太远，否则就没有意义。

根据本次滨海电厂调查温排水工作开展情况，对照站一般布设在离排水口 5km 海域。对于半封闭性港湾而言，还需为对照站选择多个参考点。

为了验证对照站不受温排水影响，并保证对照站数据的连续性，需进行周日定点观测。同时，为了掌握极端时刻温升范围，在电厂运营期每年的枯水期和丰水期的大、小潮期间进行每小时一次的连续 26h 观测，以获取可靠的对照站数据信息。

4.3　监测指标设置

温排水对海洋生态环境的影响归结为四大类：一是热能量的影响，热污染；二是卷吸效应；三是余氯影响；四是核素、重金属的影响。在监测指标中除了考虑以上因素外，还要考虑到生态损害评估指标中各环境参数，如鱼卵仔鱼存活率等。因此，滨海电厂的监测项目应该考虑几个方面内容，一是常规监测内容；二是因为温排水的特殊性而需要增加污染指标调查的内容。因此，在温排水监测技术中，监测指标设置分为三类，一是海洋生态环境常规监测指标；二是污染性监测指标；三是在评价需要的情况下，开展社会调查指标。

4.3.1　海洋生态环境常规监测指标

1. 海洋水文气象

水文状况是指目标水域水体的基本变化、时空特征和运动规律，主要是包括流、浪、潮、温、盐、深、水色、透明度等；气象是指某一区域在某一瞬间或某一短时间内大气状态（如气温、湿度、压强等）和大气现象（如风、云、雾、降水）的综合（郭纯青等，2012）。滨海火、核电厂的冷却水排放会引起邻近海域海水温度的升高，温排水排入水域后，不可避免地对当地水环境形成一定的热影响。如果热影响对水域生态环境构成不利效果，即已影响水域中生物的习性并对生物资源造成伤害时，热影响便转化成热污染。因此，开展水文特征调查将对数值模拟和生态损失评估提供重要的基础数据。

在水文监测指标中，温升是最重要的。水文监测的必测项目有温度、盐度、海流、海况、波浪等。选测项目有水色、透明度、海冰等。

2. 海洋水质

水质质量标志着水体的物理、化学和生物的综合特性及其组成的状况。一般而言温排水并不直接挟带化学污染物，其对水体的影响是因为升高水体温度，改变了水体的某些物理化学性质，使溶解氧受到很大影响，此外，温排水还可能使水色变浊，透明度降低，氨氮浓度增高，矿化度、总磷、总氮浓度偏高（於凡等，2010）。因此，温排水造成水质等级下降，改变了水体的纳污能力，从而影响到水功能。但一些湿法脱硫的电厂余氯以及加氯处理浮游生物的电厂所排放的水体中的重金属、悬浮固体等还会与温升产生协同效应，增大污染物对水生生态系统的损害。文献资料显示（苏洋，2009），营养盐指标受水温变化的影响最大，其中总磷浓度季节变化明显，夏季水体不同位置处的总磷浓度差别很大，但水体总氮浓度季节和空间变化均不明显，可见水温对总磷浓度的影响大于总氮。Friedlander 等（1996）指出，核电站的热影响还可通过与其他环境因素的相互作用而产生综合效应。它不仅能以热的形式直接作用于生物体上，还能将热施加于理化环境，使水体含氧量降低，水中一些有毒物质的毒性增大，腐殖质增多，水体恶化，从而影响海洋生物的正常生存。水质的恶化亦可能引发一些病害及寄生虫的滋生，从而对生物群落产生更大的压力。

在温排水的水质监测中，必测项目有 pH、溶解氧、化学需氧量、活性磷酸盐、氨氮、叶绿素 a、总汞、硫化物，产生潜在影响的是无机氮，根据不同类型电厂特征，应适当开展一些选测项目监测，如重金属和核素。

3. 海洋沉积物

海洋沉积物状况会受到水体重金属、硫化物、温度等因素的影响，郭娟等（2008）对某 4×300MW 燃煤锅炉的海水烟气脱硫系统投运前后的海域环境质量进行了监测。与进水口水质相比，脱硫塔出水口处水质变化较大，重金属含量普遍有所升高；脱硫塔出水进入曝气池，经曝气及混合稀释后，水质与进水口相比已基本恢复，结果显示，除海水中汞的浓度外，海水脱硫工艺排水对邻近海域的水质、沉积物与生物体中的主要指标均未造成明显的影响。因此，在沉积物的监测中，也需要考虑汞和硫化物的监测。

沉积物监测的必测项目有总氮、总磷、总汞、有机质，选测项目有重金属、硫化物。

4. 海洋生物

海洋生物是指海洋里的各种生物，主要包括海洋动物、海洋植物、微生物及病毒等。浮游生物是水体的主要生产者，也是水体中其他动物的食物来源。温度每升高 2℃ 就会造成受纳水体范围内的藻类生物资源种群和数量变动。高温将引起蓝、绿藻数量 增多和硅藻明显减少，会抑制其他饵料生物生长，延长藻类生长期并使菌类活动增强， 加速底泥中营养物分解，加重水体富营养化（陈凯麒等，1999）。一般来说，适当的增 温可以增加浮游植物的生物多样性，但温度过高，则会影响浮游生物的生长，会使得 一些耐温种类成为优势种，从而降低生物多样性。底栖生物长期栖息在水底底质表面 或底质的浅层中，它们相对固定，不太活动，迁移能力弱，在受到热排放冲击的情况 下很难回避，易受到不利影响，主要体现在底栖动物在强增温区的消失（於凡和张永 兴，2008）。温度急变对某些鱼类的繁殖、胚胎发育、鱼苗的成活等均有不同程度的影 响。热排放进入受纳水体后，会改变鱼类等水生生物在水体中的正常分布，引起群落 结构变化，甚至会引起鱼类异常发育，对某些有洄游习惯的鱼类造成严重影响。

温排水海洋生物监测中，必测项目有浮游植物、浮游动物、底栖生物和鱼卵仔稚鱼， 选测项目有微生物、病毒等。

4.3.2 污染性监测指标

1. 余氯

余氯是滨河、滨海企业冷却水常用的防治污损生物的处理剂。用氯处理冷却水的目 的就是为了防止污损生物的黏附，而冷却水流经整个冷却系统后仍含有部分氯，从而构 成了余氯的来源。氯处理后的海水会随温排水注入邻近水域，对水生生物产生毒害作用， 从而影响水生生态环境。因此，针对我国不同海区的主要电厂排放的余氯的影响进行研 究具有重要的现实意义，这也是滨海电厂温排水研究中的重大难点问题。

在利用海水冷却的系统中，容易发生生物阻塞。生物阻塞主要由黏液细菌类和贝类 引起，前者常常附着于冷凝器，后者则附着于输水管路中。加氯处理法是将液态氯连续 或间歇地加入冷却水系统杀灭生物的方法，由于其简便易行，在许多国家被广泛应用， 在我国电厂冷却系统中也普遍应用。余氯是核电厂排放量最大的化学物质，且具有生物 毒性。我国《海水水质标准》（GB3097—1997）尚未对余氯允许排放浓度作出规定。余 氯对水生生物毒性较大，当含有余氯的冷却水注入邻近海域，将会对受纳水体的生态环 境造成影响。余氯对水生环境的破坏作用主要取决于余氯的浓度和作用时间。不同形态 的余氯对水生生物的毒害作用也有不同。对于浮游植物和浮游动物，化合余氯的毒性要 比游离余氯的强。大多数研究表明，在余氯浓度较高时，游离余氯的毒害作用强于化合 余氯。余氯对水生动物的毒害作用有季节性的变化，春、夏季强，秋、冬季弱。一般 讲，对淡水生物，余氯的毒性安全阈限为 0.0015mg/L，对海洋生物则为 0.02mg/L。对某 一特定水域，制定余氯的安全浓度标准除考虑该水域可能受影响的水生生物对余氯敏感 性的差异外，还要考虑毒性观察指标的灵敏性。

2. 总汞

针对采用湿法脱硫工艺的滨海电厂，还应加强对邻近海域水体和沉积物中汞含量水平的监测，这在前面已经叙述。

3. 核素

随着核电站的运营，其低放废液的排放究竟对海洋生态环境的放射性水平有无影响一直是人们关注的焦点。研究表明：放射性物质对生物的危害是十分严重的，环境中的放射性物质可以由多种途径进入人体，它们发出的射线会破坏机体内的大分子结构，甚至直接破坏细胞和组织结构，对人体造成损伤。辐射损伤还会产生远期效应、躯体效应和遗传效应。远期效应系指急性照射后若干时间或较低剂量照射后数月或数年才发生病变。需要特别指出的是，由于放射性核素对生物的影响是一种长期、缓慢的过程，绝大多数放射性核素的毒性按致毒物本身重量计算，均高于一般的化学毒物。按放射性损伤产生的效应，其可能影响遗传，给后代带来隐患。辐射线与生物体或水作用，产生的许多游离的粒子是极具反应性的，它们会继续与蛋白质反应，降低活性，阻止细胞分裂，破坏细胞膜或破坏细胞的功能，导致癌症及遗传上的突变。

因此，针对核电厂，核素水平监测是非常重要的。根据目前核素监测能力，主要监测以下指标：水质选测，^{90}Sr、^{137}Cs、^{238}U、总 β、^{3}H；沉积物选测，总 β、主要人工与天然核素 γ 谱分析；生物选测，总 β、主要人工与天然核素 γ 谱分析。

4.3.3 社会调查指标

社会调查是现场常规调查的有效补充，主要用于数值模拟、损害评估、补偿/赔偿和温排水综合管理。

社会调查指标内容主要包括：

1）近 5～10 年渔业资源统计资料，包括渔获量、渔船数量、渔民数、成鱼均重、长成率、人类健康影响等；

2）年度温排水实际月排放量及排放时间天数；

3）海洋灾害及其影响调查，如赤潮、绿潮、水母旺发、养殖生物大量死亡等，如邻近海域海洋灾害时有发生，则对引起灾害的海洋生物及其造成的经济损失进行必要的调查；

4）根据评估方法所需求的其他历史资料进行数据收集与统计分析。

4.4 监测频率设定

滨海电厂一般都建在沿岸，所排放的温排水随着海水的涨落潮进入海洋水体中。温排水对海洋的影响具有其特殊性，影响程度随着季节、水期而有所差异，影响范围随潮水的涨落而有所不同。一般而言，温排水对水质及海洋生物等环境的影响会在冬、夏季体现的比其他季节更加明显，在枯水期的影响比其他水期明显；温排水影响范围与水动力条件密切相关，水动力强，影响范围大，水动力弱，影响范围小；温排水影响范围最大是在大潮期涨、落潮时，最小应是小潮期涨、落潮时；对于半封闭港湾来说，温排水会随着涨潮流和落潮流而往复变动，对温排水的扩散范围存在不同程度的影响；对于开放式海域，潮流有可能受径流的影响，温排水的影响范围也随涨落潮而有所不同。

4.4.1　频率设定原则

关于滨海电厂温排水的监测频率在国家海洋局发布的行业标准《建设项目海洋环境影响跟踪监测技术规程》（2002）中已有规定。该规定提出滨海电厂运营期至少在1个潮汐年的丰水期、平水期和枯水期进行1次大、小潮期的监测，以后可根据前几次的监测结果，适当加大和减小监测频率。沉积物项目每两年监测1次；生物项目可参照水质项目适当减少监测频率。

4.4.2　监测频率确定

综合滨海电厂温排水监测的行业标准要求和滨海电厂温排水影响的调查结果等特殊性，其监测频率建议按照以下方案开展。

1）水文气象、水质监测，每年至少于冬、夏季各进行1次（包含大潮期、小潮期），每次监测至少于落潮时实施；

2）沉积物质量监测，一般一年1次，夏季1次，结合水质监测进行；

3）生物监测，一般一年2次，冬、夏季各1次（包含大潮期涨落潮、小潮期涨落潮），结合水质监测进行；

4）水质和水动力监测连续站位实施26h连续监测，每2h取样1次。其余站位于高低潮分别瞬时取样1次；

5）余氯调查，根据需要开展，和水动力连续监测站位同步监测；

6）核素调查，根据需要开展，可结合水质调查进行；

7）社会调查，根据需要开展，一般可每年调查1次。

必须应在大潮期落潮时实施1次监测，应增加1次大潮期涨潮时的监测。

4.5　监　测　方　法

《海洋监测规范》（GB17378.7—2007）、《海洋调查规范》（GB/T 12763—2007）中对水文气象、水质、生物等现场监测与实验室内检测方法已经明确列出，其方法适用于温排水调查项目的监测，但是对于限定区域内要准确掌握水温、余氯含量水平的变化，还需对其方法进行研究探讨。《海洋环境监测规范——放射性核素测定》（HY/T003.8-1991、HY/T 003.8-1991）对部分核素（^{137}Cs、^{58}Co 等）的检测方法也有规定，其方法同样适用于滨海核电厂温排水调查项目的检测，但缺少 ^{3}H 的检测方法。因此，本书着重探讨水温、余氯以及 ^{3}H 的检测方法。

4.5.1　水温

滨海电厂温升监测中,为使监测数据能够准确反映环境质量现状,预测污染的发展趋势,就应该要求监测数据具有精密性、准确性、代表性、可比性和完整性。水温的监测方法有多种,目前现场观测包括定点测温和温盐深仪(CTD)的走航连续测温。

定点测温采用定点同步观测的方法,利用传统的颠倒式温度计进行测量,但定点同步观测需要耗费大量的人力物力。定点测温,站位布设较为分散,导致温升范围计算时插值带来的误差较大。

温盐深仪即盐温深(conductivity、temperature、depth,CTD)测量系统,一般称为温盐深系统,用于测量水体的电导率、温度及深度 3 个基本的水体物理参数。根据这 3 个参数,还可以计算出其他各种物理参数,如声速等。因此,其是海洋及其他水体调查的必要设备。该设备可测定海洋不同水层或深度的海水水温、盐度、氧含量、声速、电导率及压力,用以研究海水物理化学性质、水层结构和水团运动状况。对于受温排水影响的特定区域,若准确掌握温升的程度及变化范围,可充分借助 CTD 走航连续分层监测,来减少区域小、温升幅度差别大的误差。

由于温排水有辐射扩散的特征,在监测范围内,布设 4～6 条由排水口出发的 CTD 走航观测断面,各条 CTD 走航观测断面呈扇形分布。测温开始前仪器应进行检定校准。应严格按照《海洋调查规范》要求进行调查。现场调查时,每隔 1h 进行现场 CTD 水温与颠倒式温度计及其他所使用的水温测量温度计之间的比测,以确保调查数据的准确性。

4.5.2　余氯

氯作为一种易溶于水的强氧化剂被广泛用于水处理,主要用于生活饮用水的杀菌消毒、生活污水和工业废水的处理、工业用水处理等。余氯是指消毒剂作用一定时间后,水中剩余的氯含量,分为游离性余氯和结合性余氯,两者之和为总余氯。游离性余氯主要是指次氯酸或次氯酸根,结合性余氯主要是指一氯胺、二氯胺以及其他有机氯胺。

在给排水工业中余氯是评判水质好坏的重要参数,也是水质监测经常需要测定的指标之一。为了实现余氯的现场快速测定,人们进行了大量的研究,在方法研究和改进上取得了重要的成果,但并未形成成熟的业务化检测方法。

余氯检测方法目前常用的有以下几种。

1)碘量法是最原始的、经典的测定总余氯的方法,用于测定氯制剂中的有效氯含量以及含量大于 1mg/L 的总余氯量。碘量滴定法的原理如下:氧化性氯离子或基团在酸性溶液中与碘化钾作用,释放出游离性单质碘,使水样呈棕黄色,再以硫代硫酸钠标准溶液滴定变成淡黄色,加入淀粉指示剂,遇碘变为蓝色,继续滴定至蓝色消失,根据所消耗的硫代硫酸钠的量计算总余氯的含量。

2)N,N-二乙基对苯二胺-硫酸亚铁铵滴定法适用于水中高浓度总余氯及游离余氯的测定，其原理是游离氯在 pH 为 6.2～6.5 时与 N，N-二乙基对苯二胺直接反应生成红色化合物。用硫酸亚铁铵标准滴定液滴定至红色消失。该方法受锰的多种氧化形式或其他氧化剂的干扰。

3）邻联甲苯胺（DMB）比色法是最经典的快速比色法，用于测定水中总余氯及游离性余氯。其原理是在 pH<2 的酸性溶液中，游离性余氯与 DMB 反应，生成黄色的醌式化合物，用重铬酸钾溶液配制的永久性余氯标准溶液进行目视比色定量。DMB 比色法简单、快速，便于现场测定，是生活饮用水中余氯最常用的检测方法，但因邻联甲苯胺试剂被认为是潜在的致癌物，容易对环境产生二次污染，其生产和使用已受到一定的限制。

4）3，3′，5，5′-四甲基联苯胺（TMB）比色法是把 TMB 作为 DMB 的替代显色剂用于水中余氯的测定。TMB 显色稳定性优于 DMB，具有使用安全等优点，在一定条件下可替代传统显色剂 DMB。

5）丁香醛连氮分光光度法用于测定水中游离性余氯。丁香醛连氮对游离性余氯十分灵敏，而对结合性余氯不灵敏，其原理是在 pH 为 6.6 的缓冲介质中与水样中游离氯迅速反应，生成紫红色化合物，在 528nm 波长下，用分光光度法定量。

6）N，N-二乙基对苯二胺（DPD）分光光度法对水中总氯及游离性余余氯的测定已比较成熟。1957 年由美国 Palin 首先发表了对游离性余氯和结合性余氯均能分别测定的二乙基对苯二胺法。1971 年将其作为推荐的方法写入美国的标准方法的第 13 版上，1975年作为标准方法在第 14 版正式颁布，我国也将其作为生活饮用水和环境监测标准检验法正式引用。其原理是在 pH 为 6.2～6.5 的条件下，游离氯直接与 N，N-二乙基对苯二胺发生反应，生成红色化合物，在 515nm 波长下，采样分光光度法测定其吸光度。

表 4-2 对以上 6 种方法的测定条件、适用范围、干扰及消除及适宜测定余氯形态进行了比较。N，N-DPD-硫酸亚铁铵滴定法、DPD 分光光度法都能达到较高的精度和准确度，这两种测定方法能分别测定低浓度的总余氯和结合性余氯。可以很好地满足余氯对水生生物毒害作用研究中测定低浓度余氯的要求。DPD 分光光度法操作起来比较简便，一些干扰因素，如水样浊度、色度可通过空白实验得到校正，而一些氧化性干扰物质，如 Fe^{3+}、Cu^{2+} 等可以用 Na_2-EDTA 来掩蔽，Cr^{4+} 的干扰用 $BaCl_2$ 来消除。DMB 比色法，要求在较低的 pH 条件下进行，而这种条件下 DMB 不稳定，故用该方法测定结合性余氯、总余氯和游离性余氯的误差很大。丁香醛连氮分光光度法对游离性余氯的特异性最强，但灵敏度不如 DPD 分光光度法。因此，人们研发的便携式余氯检测仪的工作原理基本上都是 DPD 分光光度法。

表 4-2 水体中余氯检测方法比较

分析方法	测定条件	适用范围	干扰及消除	适宜测定余氯形态
碘量法	0.5%碘化钾，1%淀粉指示剂，0.05mol/L 硫代硫酸钠标准溶液，pH4 乙酸缓冲溶液	>1mg/L	未考察	TRC
N，N-DPD-硫酸亚铁铵滴定法	pH6.5 磷酸盐缓冲液，1.1g/L DPD，56mol/L 硫酸亚铁铵标准溶液	0.03～5mg/L	Cu^{2+}、Fe^{3+}等，EDTA 掩蔽	FRC、NH_2Cl $NHCl_2$、NCl_3
DMB 比色法	0.135%DMB（内含 HCl）2.5ml，pH<2	0.01～1mg/L	未考察	FRC

续表

分析方法	测定条件	适用范围	干扰及消除	适宜测定余氯形态
3, 3′, 5, 5′-TMB 比色法	0.03%TMB（内含 HCl）1.0ml	0.005～1mg/L	Fe^{3+}，NO_2^-，EDTA 掩蔽 Fe^{3+}	FRC TRC
丁香醛连氮分光光度法	pH6.6 磷酸盐缓冲液 0.25ml，0.023%丁香醛连氮 1.0mL，波长 528nm	0.1～1.5mg/L	未考察	FRC
DPD 分光光度法	pH6.5 磷酸盐缓冲液 15ml，1.1g/L DPD 5ml，波长 515nm	0.03～1.5mg/L	浊度、色度	FRC、NH_2Cl $NHCl_2$、NCl_3

此外，余氯的检测还有甲基橙比色法、巴比妥酸（丙二酰脲）比色法、酚酞啉分光光度计法、酚反应比色法、紫外线吸收法、d-奈黄酮（d-石脑油黄酮）比色法、计算机和残余氯电极自动测定法，这些方法由于其本身的缺点，均未能得到推广应用。

本书在分析国内外余氯检测方法的基础上，结合海水中余氯的特点，探讨滨海电厂温排水中余氯的检测方法。余氯的检测原理及方法如下。

滨海电厂排放的温排水中出水口及邻近海域的余氯的浓度含量一般为 0～0.4mg/L，含量相对较低，某些海域的悬浮物含量达到 500mg/L，甚至更高，悬浮物干扰比较大，现有的余氯检测方法不能直接用于滨海电厂温排水中余氯的检测，需要建立专门针对滨海电厂温排水中余氯的检测方法。水质中余氯的主要检测方法中只有DPD 分光光度法最适合海水中低浓度余氯，特别是高悬浮物海水中余氯的现场快速准确测定。在现场测定仪器的选择方面，低量程仪器的解析度（分辨率）和仪器的精度在测定含量低的余氯时比高量程仪器更具有优越性，应优先选择超低量程的余氯浓度测定仪。

1. 抗干扰实验

（1）pH 干扰实验

用无氯水配制 pH 为 2.0～10.0、6.0～8.5 两个系列浓度的溶液，加入配制好的余氯标准溶液，结果无明显变化（表 4-3），说明采用 Hanna 的仪器和药剂，依据实验方法测定余氯，pH 为 2.0～10.0 时没有影响。Hanna 的药剂里有缓冲剂，具有缓冲作用，其药剂加入样品显色后能使溶液的 pH 调整为 5.5～6.5，不会干扰实验的测定。

表 4-3　不同 pH 下余氯的加标回收率

pH	2.0	3.0	4.0	5.0	6.0	7.0	8.0	9.0	10.0
加标浓度（mg/L）	0.130	0.130	0.130	0.130	0.130	0.130	0.130	0.130	0.130
测定值（mg/L）	0.131	0.132	0.132	0.129	0.131	0.132	0.130	0.130	0.134
回收率（%）	100.7	101.5	101.5	99.2	100.7	101.5	100	100	103.1

pH	6.0	6.5	7.0	8.0	8.5
加标浓度（mg/L）	0.130	0.130	0.130	0.130	0.130
测定值（mg/L）	0.131	0.132	0.132	0.130	0.130
回收率（%）	101	102	102	100	100

（2）盐度干扰实验

用无氯水配制成不同梯度的盐度溶液，加入配制好的余氯标准溶液，测定不同盐度下不同浓度余氯标准溶液的加标回收率，通过测定，从结果可以看出不同盐度对余氯的测定无显著性影响（表4-4）。

表4-4 不同盐度下不同浓度余氯的加标回收率

余氯浓度（mg/L）	盐度				回收率（平均值）（%）
	0	10	20	30	
0.060	0.059	0.056	0.057	0.057	95.4
0.120	0.120	0.118	0.122	0.119	99.8
0.400	0.450	0.440	0.44	0.450	111.3
0.800	0.850	0.860	0.85	0.850	106.6
1.600	1.670	1.670	1.660	1.680	104.4

（3）悬浮物干扰实验

海水中存在的悬浮物对余氯的分光光度法存在干扰，从而造成数据结果偏离，稳定性降低，实验结果表明，当悬浮物浓度达到20mg/L时，就会影响实验结果，浓度越高，准确性和稳定性越差。本实验结合监测海域的实际情况，设计了4个实验，以解决悬浮物的干扰。

1）在10ml无氯水中加入余氯标准溶液，空白调零，加入显色药剂，充分溶解后测定，然后过滤，再测定。

2）在10ml无氯水中加入余氯标准溶液，空白调零，加入显色药剂，充分溶解后测定，再加入一定量的悬浮物，混匀，过滤后再测定。

3）在10ml无氯水中加入一定量的悬浮物，再加入余氯标准溶液，混匀，放置1min，空白调零，加入显色药剂，充分溶解后，混匀，放置1min，测定，两次测定放置时间要一致。

4）在10ml无氯水中加入余氯标准溶液，空白调零，加入悬浮物，混匀，加入显色药剂充分溶解后过滤，测定。

实验结果见表4-5，表4-6。从表4-5中可知，悬浮物对DPD分光光度法存在干扰，在不过滤的情况下测定的结果明显偏高，过滤后的测定结果则较准确，且测定的稳定性较好。

表4-5 不同实验方法测定结果

余氯浓度（mg/L）	1实验		2实验		3实验	4实验
	无过滤	过滤	无过滤	过滤		
0.451	0.47	0.45	0.50	0.45	0.48	0.45
0.902	0.93	0.86	0.97	0.86	0.94	0.87

表 4-6　不同悬浮物浓度下不同浓度余氯的加标回收率

余氯浓度（mg/L）	悬浮物浓度（mg/L）					回收率（平均值）（%）
	0	50	100	150	200	
0.080	0.088	0.086	0.084	0.086	0.084	107.2
0.160	0.160	0.158	0.162	0.159	0.157	99.4
0.500	0.450	0.430	0.440	0.450	0.440	88.4

2. 预处理

确定好方法和仪器后，采用过滤的方法来消除悬浮物的干扰，实验过程中发现低浓度余氯的样品经过过滤再显色反应后余氯已经全部衰减完（表 4-7），说明先过滤再显色是行不通的。然后尝试了先显色再过滤的步骤，实验结果表明，先显色再过滤可以满足实验的要求。

表 4-7　滤膜对色素的吸附能力一览表

序　号	1	2	3	4	5	6	7	8	9
过滤前浓度（mg/L）	0.288	0.276	0.268	0.258	0.102	0.097	0.092	0.088	0.084
过滤后浓度（mg/L）	0.276	0.268	0.258	0.248	0.097	0.092	0.088	0.084	0.080

海水中余氯检测方法初步建立后，在实际应用中发现先显色再过滤虽可以消除悬浮物的浊度干扰，但不能消除悬浮物中含有的化学成分的干扰，从而造成高悬浮物的海水在余氯的测定时产生正干扰。为了消除悬浮物的假阳性干扰，采用了絮凝沉淀法（表 4-8），实验结果表明，絮凝沉淀法既能消除悬浮物的假阳性干扰又对余氯的测定影响不明显，所以可以作为海水中余氯检测的一种前处理方法。

表 4-8　絮凝沉淀法的回收率

序号	1	2	3	4
无絮凝沉淀浓度（mg/L）	0.364	0.279	0.118	0.090
絮凝沉淀后浓度（mg/L）	0.305	0.251	0.101	0.085
回收率（%）	84	90	86	94

3. 精密度和准确度实验

采用建立的方法对余氯浓度分别为 0.06mg/L、0.13mg/L 和 0.18mg/L 的海水样品进行 6 次平行测定，相对标准偏差分别为 4.4%、1.4% 和 1.6%（表 4-9）。

表 4-9　精密度实验结果

序号	余氯浓度（mg/L）	1	2	3	4	5	6	相对标准差（%）
1	0.06	0.060	0.065	0.066	0.063	0.059	0.063	4.4
2	0.13	0.129	0.131	0.132	0.130	0.130	0.134	1.4
3	0.18	0.180	0.178	0.183	0.180	0.177	0.175	1.6

分别对来源于不同浓度的海水样品用二氯异氰尿酸钠加标测定，加标回收率为97～102%（表4-10）。

表4-10　加标回收实验结果

序号	标准浓度（mg/L）	水样浓度（mg/L）	测定值（mg/L）	加标回收率（%）
1	0.06	0.072	0.133	102
2	0.12	0.072	0.188	97
3	0.06	0.180	0.238	97

4. 余氯检测操作步骤

经过多次实验和实际应用，建立了比较完善的海水余氯检测方法，具体步骤如下。

（1）低悬浮物样品操作步骤

1）取 10ml 的海水样品，经过滤后，至比色皿中，用清洗布擦净外表面，放入比色槽，调整好固定的位置，进行空白校正调零。

2）取 10ml 的海水水样至比色皿中，加入显色药剂，用塑料棒捣至充分溶解后，移入注射器中，用蒸馏水清洗比色皿，甩干，经 0.45μm 孔径针式过滤器过滤至比色皿中，用清洗布擦净外表面，放入比色槽，调整好固定的位置，进行测定，重复测几次，记录（游离氯）。

3）取出比色皿，加入 0.1g 碘化钾晶体，混匀充分溶解后，用清洗布擦净外表面，放入比色槽，调整好固定的位置，进行测定，重测几次，记录（总氯）。

（2）高悬浮物样品操作步骤

1）取 10ml 的水样，经过滤后，至比色皿中，用清洗布擦净外表面，放入比色槽，调整好固定的位置，进行空白校正调零。

2）取约 30ml 的水样于 50ml 的离心管中，用滴管加入 6 滴 10%硫酸锌溶液和 1 滴 25%氢氧化钠溶液，用玻璃棒混匀，静置沉淀。

3）取 10ml 的上清水样至比色皿中，加入 0.5ml 缓冲溶液，加入显色药剂，用塑料棒捣至充分溶解后，移入注射器中，用蒸馏水清洗比色皿，甩干，过滤至比色皿中，用清洗布擦净外表面，放入比色槽，调整好固定的位置，进行测定，重复测几次，记录（游离氯）。

4）取出比色皿，加入碘化钾（0.1g）晶体，混匀充分溶解后，用清洗布擦净外表面，放入比色槽，调整好固定的位置，进行测定，重测几次，记录（总氯）。

4.5.3　^{3}H

^{137}Cs、^{3}H 和 ^{58}Co 是海水核素监测中最为常见的指标，^{137}Cs、^{58}Co 等核素指标分析可根据中华人民共和国国家标准（GB/T16140—1995）和国家海洋局发布的《海洋环境监测规范——放射性核素测定》（HY/T003.8-1991 和 HY/T 003.8-1991）执行。^{3}H 监测方法目前还没有可参考的国家标准和行业标准，根据相关资料，可按照低本底液体闪烁能

谱法进行测定。

海水中 ^3H 的测定——低本底液体闪烁能谱法，氚是低能 β 发射核素，发射的 β 粒子最大能量仅为 18.6keV，平均能量为 5.7keV。海水样进行蒸馏脱盐后，可利用液体闪烁能谱法对氚发射的特征 β 能谱进行测量。若样品中氚的含量很低，可根据气-氧键比氚-氧键结合力弱，进行电解浓缩富集氚后测量。分析步骤如下。

第一步：蒸馏。

用 1000ml 量筒量取经微孔滤膜过滤的海水 800ml 放入蒸馏瓶中，加入 1.0g 无水碳酸钠，高锰酸钾和铜粉各 0.5g，装好蛇形冷凝管蒸馏，弃去先蒸出的 20ml。纯化水样保存在磨口瓶中，密封待用。

第二步：电解富集。

对于需要进行电解富集预处理的水样，先用电导率仪测定蒸馏液的电导率，要求电导率小于或等于 5μs/cm，否则水样应重新蒸馏。量取 250ml 蒸馏液于磨口玻璃瓶中用于电解富集，其余舍弃。收集电解富集完的样品，密封待用。

第三步：制备样品。

制备本底试样。将无氚水按第一步进行蒸馏，取蒸馏液 8.00ml 加入到测量瓶中，再加入 12.00ml 闪烁液，旋紧瓶盖，混合摇匀后保存。

制备标准试样。取 8.00ml 标准氚水加入到测量瓶中，再加入 12.00ml 闪烁液，旋紧瓶盖，混合摇匀后保存。

制备待测试样。取 8.00ml 蒸馏液加入到测量瓶中，再加入 12.00ml 闪烁液，旋紧瓶盖，混合摇匀后保存。

第四步：测量与计算。

把制备好的试样，包括本底试样，标准试样和待测试样，同时放入低本底液体闪烁谱仪的样品室中，避光 12h。

测定本底计数率。选用一个确定计数时间间隔进行测定。对于低含量氚的海水测量，无氚水样计数时间为 1440min 以上，所测的计数率（仪器本底加试剂本底）为分析空白计数率。

测定仪器计数效率。选用一个确定计数时间间隔，对标准试样进行测定，求出标准试样的计数率，然后用式（4-3）计算仪器的计数效率：

$$E = \frac{n_s - n_b}{D} = \frac{N_s / t_s - N_b / t_b}{D} \tag{4-3}$$

式中，E 为仪器的计数效率；n_s 为标准试样的总计数率（cps）；n_b 为本底试样的计数率（cps）；D 为加入到标准试样中氚的活度（Bq）；N_s 为标准试样的总计数，无量纲；N_b 为本底试样的总计数，无量纲；t_s 为标准试样的计数时间（s）；t_b 为本底试样的计数时间（s）。

测量样品。选用一确定的计数时间间隔，对待测试样进行计数。

分析结果的计算。计算海水中氚的放射性浓度公式为

$$A = \frac{n_j}{KVE} = \frac{n_s - n_b}{KVE} \tag{4-4}$$

式中，A 为海水中氚的活度（Bq/L）；n_j 为待测试样的净计数率（cps）；n_s 为待测试样的

总计数率（cps）；n_b 为本底试样的计数率（cps）；E 为仪器对氚的计数效率（cps/Bq）；K 为单位换算系数，1.0×10^{-3}。

标准偏差计算。分析结果的标准偏差由式（4-5）计算：

$$\sigma_A = \left(\frac{n_b + n_j}{t_j} + \frac{n_b}{t_b} + \sigma_e^2 \right)^{1/2} \tag{4-5}$$

式中，σ_A 为分析结果的标准偏差；n_j 为待测试样的净计数率（cps）；n_b 为本底试样的计数率（cps）；t_j 为待测试样的计数时间（s）；t_b 为本底试样的计数时间（s）；σ_e 为仪器对氚的计数效率的标准偏差。

探测限（LLD）。当探测放射性存在的置信度为 95%时，仪器探测限一般表示为

$$LLD = 4.66 S_b = \frac{4.66}{EV} \times \sqrt{\frac{n_b}{t_b}} = \frac{4.66\sqrt{N_b}}{EVt_b} \quad (Bq/L) \tag{4-6}$$

式中，S_b 为仪器本底计数率的标准偏差；E 为仪器对氚的计数效率（cps/Bq）；V 为测量时所用水样的体积（ml）；n_b 为仪器的本底计数率（cps）；t_b 为本底的测量时间（s）；N_b 为仪器本底总计数。

4.6 监测数据处理方法

温排水海洋生态环境影响监测与评价的数据处理方法有很多，但最为关键和核心的是温升值的准确计算及温升包络面积的合理计算，再者温排水生态影响评价的方法也是一项重要内容，本节重点探讨上述两项内容，以期为后续的生态影响评估提供技术支撑。

4.6.1 温升及包络面积计算方法

对于温升的计算，在数学模型中通常分别模拟设置电厂温排水和不设置电厂温排水两种情形下温度的分布，通过对比两种模拟的温度结果的差异给出电厂的温升分布图，进而分别计算 1℃、2℃、4℃时的温升包络面积。这是我国数学模型、物理模型实验的目的，用于判断是否符合海水水质标准（人为造成的海水温升不超过当时当地 4℃）。

李静晶等（2011）开展了"核电厂温排水混合区边缘的温升限值研究"，在研究中，他们探索了计算厂址海域的表层海水温度自然变化幅度（ΔT_0，某指定时间段内）的方法。该方法采用滑动平均统计法对厂址海域的表层海水温度统计数据进行处理，得到表层海温的 7d 滑动平均值（以 1h 为步长，每组共计处理 24×7=168 个数据）。再用每组的 168 个温度值减去所对应的 7d 滑动平均值，其绝对值为 ΔT_{0i}。然后统计 ΔT_{0i} 不同区间值的累积频率分布情况，选择累积频率为 99%的值作为 7d 时间内的最大增温幅度（短期温度变化），即 ΔT_0。据自然温升 ΔT_0 与人为温升 ΔT_1 的不同组合的叠加，即 ΔT_2（海域内主要水生物在特定时间段内受到的影响可以接受的温度变化值），导出电厂温排水混合区边缘的温升限值，即 ΔT_1。

温升的计算方法主要有以下几种：

1）取各监测站位与取水口的水温差值作为温升 $\Delta T = T - T_{取}$；

2）取各监测站位与对照站位的水温差值作为温升 $\Delta T = T - T_{对}$；

3）取各监测站位与监测海域建厂前气候多年平均水温差值作为温升 $\Delta T = T - T_{均}$；

4）取所有站位的最低值作为减数 $\Delta T = T - T_{min}$。

上述公式中，T、$T_{对}$、$T_{取}$、$T_{均}$、T_{min} 和 ΔT 分别为各个监测站位的温度、对照站的温度、取水口的温度、建厂前多年温度平均值、监测站位中的最低温度值和温升。

考虑到在每年的夏末秋初，表层温度近岸高、外海低；冬季近岸水温低、外海水温较高，外海和近岸存在着固有的温差 T'。若将近岸和外海的表层温度看成是一致的，那么计算得到的温差是不科学的，因此，需要考虑扣除近岸海域与外海海域的温差，用 T' 对温排水影响海域监测站位与对照站位的温差进行修正，这样得到的温升才是相对科学的。仍然选择历年监测采用的对照站作为本次研究的温升对照站。在不同时刻，各断面上各个测点的表层温度减去对照站监测站位的表层温度之后，再根据建厂前本底调查资料作温差修正，即得各测点的温升。

5）
$$\Delta T = T - T_{对} - T'$$

式中，T'、ΔT 分别为温差修正值、温升。

温差修正值 T' 的选取方法如下：

根据水温观测结果，比较各个特征时刻（大潮涨憩、大潮落憩），电厂附近监测站位和对照站监测站位附近的温差即为温差修正值 T'。夏季和冬季的温差修正值 T' 的选取如下式所示。

$$T' = T_{对} - T_0$$

温升包络线的绘制通常采用 Kriging 插值方法，分别计算 $1℃$、$2℃$、$4℃$温升的网格文件，应用生成的网格文件绘制温升等值线，计算不同温升的包络面积。

4.6.2　温排水生态影响评价方法

随着人们对环境问题及其规律认识的不断深化，环境问题不再局限于排放污染物引起的健康问题，而且包括自然环境的保护生态平衡和可持续发展的资源问题。因此，环境监测已从一般意义上的环境污染因子监测开始向生态环境监测过渡和拓宽。生态环境监测是环境监测发展的必然趋势。对环境监测而言，目前单纯的理化指标和生物指标监测有很大的局限性，而生态环境监测则可弥补传统环境监测的不足。生态环境监测不同于环境监测，其着眼于整体综合，对人类活动造成的生态破坏和影响进行测定。可以说，生态环境监测是生态保护的前提，是生态管理的基础，是生态法律法规的依据。

什么是生态监测呢？美国国家环境保护局 Hirsch 把生态监测解释为自然生态系统的变化及其原因的监测，内容主要是人类活动对自然生态结构和功能的影响及改变。国内有学者提出"生态监测就是运用可比的类型、结构和功能及其组合要素等进行系统地测定和观察的过程，监测的结果则用于评价和预测人类活动对生态系统的影响，为合理利用资源、改善生态环境和自然保护提供决策依据"，这一定义似乎从原理方法、目的、手段、意义等方面作了较为全面的阐述。生态监测具有综合性、长期性、复杂性、分散性等特点。

根据《环境影响评价技术导则 生态影响》（HJ19—2011），生态影响的定义为：人类经济社会活动对生态系统及其生物因子、非生物因子所产生的任何有益或有害的作用。根据影响性质可分为有利影响和不利影响；根据影响来源可分为直接影响、间接影响和累积影响；根据影响的后果可分为可逆影响和不可逆影响。

生态影响评价方法包含的内容很多，主要是在调查和判定该区主要的、辅助的生态功能以及完成功能必需的生态过程的基础上，采用定量分析与定性分析相结合的方法进行评价。常用的方法包括列表清单法、生物多样性评价、类比分析法、图形叠置法、生态机理分析法、指数法与综合指数法、景观生态学法等。

温排水所产生的生态影响是潜在的、长期的、累积的，本节主要探讨滨海电厂运营后温排水对邻近海域生态环境影响的评价方法。鉴于目前的技术水平，考虑到反映生态系统变化的主要指标体现在优势种类组成及其分布、生物多样性指数的变化上，特提出用这几种指标来反映温排水是否对海洋生态环境产生了影响。

《海洋监测规范》（GB17378.7—2007）中生物多样性指数（马克平，1994）的计算方法同样适用于滨海电厂生态影响评价方法。具体为

1）种类丰富度：

$$d=(S-1)/\log_2^N$$

2）多样性指数：

$$H'=-\Sigma P_i \log_2^{P_i}$$

3）均匀度指数：

$$J=H'/H_{max}$$

式中，S 为样品中的种类总数；N 为样品中的生物总个体数；P_i 为第 i 种的个体数（n_i）或生物量（w_i）与总个体数（N）或总生物量（W）的比值；H_{max} 为多样性指数的最大值，即 $\log_2 S$。

4）优势度（Y_i）：

$$Y_i = \frac{n_i}{N} \times f_i$$

式中，f_i 为第 i 种生物在各样品中出现的频率；n_i 为样品中第 i 种生物个体数（或密度）；N 为所有种的个体总数（或密度）；$Y_i \geq 0.02$ 者为优势种类。

1. 纵向比较法

滨海电厂建成运营后，温排水对海洋生态环境的影响是复杂的、累积的，海洋水体是流体，每次调查时由于季节、潮时等情况不同，所采集的样品代表性有一定差异，所以短时间内分析所得的结果有可能与实际有所差别。对于温排水对海洋生态环境的影响可通过与建厂前环境影响评价的本底调查结果、运营后每年电厂邻近海域跟踪监测结果以及有关研究学者为研究电厂邻近海域的专项调查进行长序列纵向比较分析，这样分析出来的结果才有可信度及说服力。

2. 横向比较法

调查和研究表明,滨海调查温排水的影响区域有限,在垂直于排水口500～1000m 距离内,温升变化梯度很大。除了从长时间序列角度来分析温排水对整个邻近海域的影响之外,在这个影响区域内,所受到的影响也是有所不同的。一般而言,强温升区 4℃对生态环境的影响是最大的,但区域太小,代表性站位不足。为了方便比较温升区域内外温排水的影响,应选择温升1℃线。温升1℃的选择是基于两点:一是,海水水质标准(GB3097—1997)的有关海水温升的标准;二是,游泳动物(鱼类)一般避开温升1℃以上水域而趋于在进水口水域以及温排水的边缘区域(温升0.5～1℃)产卵。

通过现场调查,计算出调查区域温升值,找出温升1℃线,比较1℃线内外生态环境的变化,并结合滨海电厂建厂前以及运营后生物种类数、优势种类、多样性指数等指数的变化来综合分析温排水对海洋生态的影响。

第 5 章　滨海电厂温排水数值模拟技术

5.1　温排水数值模拟技术进展概述

　　水体运动的研究方法主要有四种：理论分析、现场观测、物理模型试验和数值模拟，在这四种方法中,理论分析方法是应用经典力学和热学理论建立水流运动的三大方程(即连续性方程、动量方程和能量方程),来揭示水流运动的普遍性规律,由于控制方程为非线性偏微分方程,只有在少量的特定条件下可根据求解问题的特性对方程和边界条件作相应简化得到其解析解,而实际工程中受不规则固体边界和来流条件等的约束,一般无法求得理论解。现场观测是水体运动现象的认知来源和研究基础,但受制于外部环境和人力物力,现场观测在空间上和时间上往往是不连续的,观测站位少且不易进行,无法得到物理现象整体性的观测数据,但即使是局部性的现场观测资料也是十分可贵的,可以为物理模型试验和数值模拟提供设计和计算的参数及模型数据的验证。物理模型试验十分直观,其相似准则可从各物理量表达式的对比关系中导出,从而能直接解决生产中的复杂问题。长期以来,有关水流运动的诸多问题主要借助于物理模型试验,尤其是早期对于温排水的研究,多是通过物理模型试验方法,在水流模拟的过程中增加了温度变量进行的。但物理模型试验方法也有显著的缺点,首先它不能同时满足所有的力学相似条件,只能满足主要的相似律,其次试验往往投资大、周期长、精度受比尺效应和观测仪器的影响。20 世纪 70 年代以来,随着计算机的计算方法和计算水平以及数值模拟技术的迅速发展,数值模拟方法被普遍应用到海洋问题的研究中。数值模拟是将流体力学方程组利用各种离散方法建立数学模型,通过计算机进行数值计算和数值试验,得到控制方程的近似数值解。在实际的流动问题中,水体运动的控制方程一般是非线性的,自变量多且边界条件复杂,无法求得方程组的解析解,物理模型试验又受限于相似律的要求,所以数值模拟方法成为一个能较好地满足实际需要的选择。尤其对于温排水问题而言,电厂在选址或工程设计中,都要根据不同的电厂取排水工程布置对可利用水域的冷却能力及温排水对水体环境的影响等作出预测,而此工作又要求周期短,不可能花费大量的人力、物力,因此在温排水问题的研究中,数值模拟方法因其研究费用低、速度快、不受试验场的影响、周期短等优点得到了广泛的应用,模拟方法和技术也得到了不断的改进和完善。

　　国内外许多学者曾对温排水对排放海域的水文、水质环境的影响做过调查和研究。国外对这个问题的研究开始较早,早在 20 世纪 40 年代,国外就开始了温排水流场和水质变化的研究。英国学者 Harleman 和 Hall(1968)首先针对 T.V.A. Browns Ferry 核电厂进行了稳定流态和非稳定流态下电厂冷却水热扩散规律的研究。1974 年,Dalnes 和 Moore 就温排水对加州洛杉矶港的影响做了研究。同年 Binkerd 等就热污染对康涅狄格(Connecticut)河中生物的影响进行了相关研究。1975 年,Reutter 等评估了核电厂对伊利湖的环境影响。McGuirk 和 Rodi（1978）最早采用深度平均形式的 k-ε 紊流模型计算了冷却水排放近区的温度分布。此后，Casulli（1990）对浅水流动数值模拟进行了精细的研究，先后建立了二维和三维的浅水数值模型。John（2000）就 Peach Bottom 核电站的温排水对 Conowrngoponb 里的水温影响作了分析。Jiang 等（2001，2002）采用嵌套网格技术建立了一种三维模型（ASL-COCIRM），对 Burrard Generating Station 发电站排放的冷却水进行了数值模拟。

我国学者从 20 世纪 50 年代开始着手相关研究，到现在已经有了比较成熟的技术体系。80 年代吴江航等（1986，1987）提出了扩散模型的分步杂交法，它是在不规则的三角形网格上建立求解平面二维流动问题的分步杂交格式，其计算方法大大削弱了伪振荡现象，保证了数值模拟的合理性，是一种简单、准确、快速的数值模拟方法，该方法现在已经广泛应用于冷却水水力、热力的数值模拟中，但缺点是需要根据工程经验给出扩散系数，受人为因素影响较大。李燕初和蔡文理（1988）以浅水方程以及相应的定解条件为模型，采用交替隐式差分方法 ADI，对拟建嵩屿电厂温排水及废水排入水体后在邻近海域的温度分布及浓度分布进行计算，给出了电厂温排水在邻近海域的平面特征，阐述了在对流作用占主导地位的港湾，温排水的稀释扩散主要靠水体的对流作用，扩散及水面散热的作用都相对较弱，且热水影响厚度对计算结果影响较大，对不同海域应选用不同的热水影响厚度来计算，但该简化模型存在一定局限性，只适用于远区的垂直平均状况。随后，南京水利科学研究院吴时强（1989）利用剖开算子法及 Euler 法与 Lagrange 法相结合的方法，在任意三角形网络离散流场计算域上提出了一种求解具有自由表面的平面紊流分离流场的数值模型，该模型有效地解决了方程非线性项引起的计算困难，并通过传播方程和连续方程联立求解确定自由表面，具有良好的通用性和计算的稳定性。

20 世纪 90 年代以来，我国在电厂温排水数值模型预测方面的研究取得了很大的进展。中山大学黄平（1992）进行了哑铃湾电厂温排水扩散预测，对二维对流扩散方程进行了数值计算，其特点是奇偶隐显相互交替，既具有显格式计算简单，又具有隐格式计算稳定的优点，且计算程序简单易编，计算结果也较合理。河海大学华祖林（1995）采用了二维水流水质数值模拟的方法进行了电厂温排放对感潮河段水体环境影响的预测研究，此后又从椭圆型关系来推导改进的泊松方程，以此对不规则边界进行变换来建立贴体边界系统，使自然边界与计算边界良好贴合，从而改进了流场与温度场计算精度。此后，黄平（1996）建立了汕头港水域温排水扩散的三维数学模型，并采用特征差分方法求解，对三维特征差分格式的稳定性作了论证，并推导出数值计算中保持稳定所需要的条件，该稳定条件包含了现有的用特征差分求解一、二维对流扩散方程时所需的稳定条件，三维模型除了能反映平面上的温度（或浓度）变化的同时，也可以反映水深方向上的温度（或浓度）变化，其计算结果更适合工程设计上的需要。王丽霞等（1997，1998）根据一阶湍流封闭理论，针对青岛黄岛发电厂温排水工程建立了三维热扩散预测模型，模型中引入了计算网格无法分辨的次网格能量密度，同时考虑了热盐的空间变化，计算出质量、动量和热量平衡方程中的湍黏性和湍扩散系数。

21 世纪以来，随着理论和实践的发展以及高性能计算机的出现，温排水的数值计算研究方法得到了广泛的推广和应用。广东省水利水电科学研究院江洧等（2001）对惠州天然气电厂冷却水工程进行了数值模拟，对工程海域流场进行了预测，并在此基础上提出了电厂取排水口方案的布置原则，给出了具体布置方案和工程海域热污染范围，又协同林佑金、陆耀辉等在其数学模型研究成果的基础上，用物理模型对该工程进行了详细研究，提出了较优的取排水口布置方案，利用温排水浮射流特性人为制造一个有利于形成冷热水相互分离的通道，变相加大了取排水口之间的距离，极大地降低了取水温升。中国水利水电科学研究院李振海和祝秋梅（2003）进行了二维数值计算，动量方程的对流项采用迎风格式，扩散项采用中心差分格式，连续方程与热输运方程采用控制体积法，预测了大亚湾填海工程实施后惠州 LNG 电厂温排放的流场和温升场。太原理工大学郝瑞霞和韩新生（2004）采用浮力修正的湍流模型，三维离散型边界拟合坐标变换网格，用二阶迎风任意离散控制体积法数值求解，进行了滨海电厂冷却水工程的潮汐水流和热传输的数值模拟；此后又同齐伟、李海香合作，数值计算采用基于三角形网格的分步杂交法，将计算的每一时间步长分成两步进行，前半步采用特征线法，主要考虑对流效应，后半步采用集中质量的有限元法，主要考虑扩散效应，在计算并验证流速场的基础上进行各种取排水工况下温度场的模拟计算，结合拟建的深圳前湾电厂冷却水工程，对电厂温排水排入邻近海域的流速场和温度场进行了平面二维数值模拟，并对电厂温排水的温度影响范围及取水温升进行了数值模拟预报。吴海杰等（2005）针对滨海火（核）电站温排水海洋影响预测及评价的迫切需要，建立了二阶 Osher 格式水流-温度模型，采用干/湿水力模型处理滨海电站所处海域复杂的计算边界，并结合某大型火电站温排水的数值模拟，显示了该模型准确模拟滨海电站温排水扩散过程的能力。杨芳丽等（2005）结合河道水流及温排水的运动特性，从非正交曲线坐标系下温排水基本方程出发，采用有限体积法及压力耦合方程组的半隐式（SIMPLE）算法离散求解方程，建立了非正交曲线坐标系下非交错网格的平面一维温排水数学模型，该模型模拟了天然河流电厂温排水运动的计算结果，合理地反映了河段的电厂温排水运动。另外，何国健等（2008）、曹颖和朱军政（2009）、彭溢和张舒（2013）分别对温排水排放进行了三维数值模拟，并通过与观测结果对比，得到了较为信服的研究结果。

5.2　温排水数值模型介绍

温水排入近海海域后，随着当地海水的流动而输运扩散。在较为早期的温排水数值模拟中，学者一般采取不同的数值计算方法对控制温排水输运扩散的方程组进行离散，针对所研究问题建立自己的数值模型进行研究。但受制于数值计算技术以及计算机计算能力，早期建立的温排水水动力模型在数值模型的设计、湍扩散系数的率定、边界条件的处理、网格设置及分辨率等方面都较为简单粗糙，模型中考虑到的水动力影响因素较少，模拟结果的精度有待提高。近入 21 世纪后，随着数值模拟方法和计算机计算水平的快速发展以及对温排水数值模拟深入系统的研究，国内外专家提出了多种较为实用有效的水动力理论模型与计算方法，许多商业公司和科研机构开发了较为成熟的商业软件和开源的科研模式，目前的温排水数值模拟一般都是通过这些商业软件或者在开源模式的基础上进行二次开发对温排水进行模拟。目前，国际上应用较多的温排水数值模拟商业软件有

MIKE21、DELFT3D 以及 FLUENT 等模型，开源模型有 POM、ECOM、FVCOM 等。

5.2.1　MIKE21 模型

　　MIKE 系列软件是由丹麦水力学所（Banish Hydraulics Institute，DHI）开发研制的标准化商业软件，适用于湖泊、河口、海湾、海岸及海洋的水力及其相关现象的平面二维仿真模拟。MIKE21 模型包含水动力、传输扩散、水质（water quality）、富营养化（eutrophication）、重金属（heavy metal）、泥沙输移（mud transport）等模块。在温排水数值模拟计算中，主要使用其中的水动力学模块与对流扩散模块。MIKE21 模型数值计算采用有限体积法，动量方程和连续性方程均采用交替隐式差分方法（ADI）进行离散求解，热对流扩散方程采用的是 QUICKEST 格式离散求解，其差分格式为时间前差、空间中心差。MIKE21 模型属于平面二维模型，适宜于水体分层不明显的宽浅型（即水平尺度远大于垂直尺度）受纳水域，可以模拟在潮汐、沙、风、浪、盐度等因素共同作用下复杂区域的温排水的扩散情况，基本上能够反映出水流的水平运动规律和温升分布，该模型已在许多工程实际问题中取得了成功。MIKE21 模型具有用户界面友好、数据的前后处理以及分析对比方便、计算速度快、稳定条件要求低等优点。但其也存在一些不足：一是 MIKE21 模型的源代码不开放，很难进行二次开发。二是 MIKE21 模型属于大范围平面二维数学模型，不适用于三维流动问题，因此其应用范围有一定的局限性。

5.2.2　DELFT3D 模型

　　DELFT3D 模型是由荷兰 DELF 水力学研究所开发，集水流、泥沙、环境于一体的程序软件包，可以进行潮流泥沙输移、温排水、水质等的二维与三维计算。其模型以 FLOW 水动力模块为主体，其他模块在 FLOW 模块上扩展、构型。DELFT3D 模型的可操作性强、使用方便，相对 MIKE21 模型而言，它的调试参数要少得多。其总的流程是在子菜单中生成贴体正交曲线网格和网格节点上的水深文件，并设置糙率场和紊动黏性系数分布，通过对应的模块来计算相应水流问题，根据计算结果处理得到数据。目前 DELFT3D 模型在温排水数值模拟领域的应用取得了一定成果。DELFT3D 模型是基于正交曲线网格的，对于岸线曲折复杂的海域来说，建立满足要求的正交曲线网格难度较大，因此许多研究者多采用矩形网格进行计算，这无疑是降低了岸线的拟合度，因此有待于集成一套更好的网格生成方法。

5.2.3　FLUENT 模型

　　FLUENT 模型是主流的计算流体力学（computational fluid dynamics）软件包，由前处理器、求解器和后处理器组成，可针对各种不同流动的特点，采用最佳的数值解法，准确模拟流动、传热和化学反应等物理现象。FLUENT 模型包含多种紊流模型，在温排水数值模拟中常用其中的 k-ε 双方程模型和雷诺应力模型（Reynolds stress model，RSM）。k-ε 双方程模型是温排水的三维数值模拟应用最多的数学模型。它克服了单方程模型的缺点，被广泛应用于各个领域流体运动的数值模拟中。标准的 k-ε 双方程模型是基于 Boussinesq 假定的，即假设雷诺应力与时均速度梯度成正比，这对各向同性的紊流模拟是合理的，但对于温排水中存在的浮力流、温差异重流、浮力回流等各向异性问题则不适用。因此，需要对 FLUENT 模型进行二次开发，即可在标准 k-ε 方程中添加浮力修正项，解决浮力的问题。浮力修正使得标准 k-ε 双方程模型无法反映浮力作用这一问题得以解决，但由于带有一定经验性，缺乏通用性，所以对某些各向异性的紊动特性依旧无法解决。当前在实际工程应用中，k-ε 双方程模型及其修正形式因其使用的简便和经济性，同时也能满足一般计算的需要，因而其应用最为广泛。雷诺应力模型是目前比较精确的数学模型，它从各向异性的前提出发，直接封闭求解雷诺应力的输运方程，计算应力分量，其精度较高。其计算结果在大多数情况下优于 k-ε 双方程模型，但此模型要求雷诺应力的所有分量满足微分方程，因此求解的微分方程数大大增加，计算机容量和计算的费用也大为增加。总的说来，雷诺应力方程是较精细的模型，模拟效果较好；但因其计算繁琐，因而在复杂工程的应用中受到一定限制。

5.2.4　POM 模型

POM（Princeton ocean model）模型是由美国普林斯顿（Princeton）大学 Blumberg 和 Mellor 于 1977 年共同建立起来的一个三维斜压原始方程数值海洋模式，后经过多次修改成为当今国内外应用较为广泛的河口、近岸海洋模式。模式嵌套了一个 2.5 阶湍封闭模型来求解垂向湍流黏滞和扩散系数（Mellor and Yamada，1982；Galperin et al.，1988），水平湍流黏滞和扩散系数基于 Smagorinsky（1963）参数化方案，避免了人为选取混合系数造成的误差。水平方向采用正交曲线网格，变量空间配置使用 "Arakawa C" 网格，可以较好地匹配岸界。在垂直方向采用 σ 坐标网格，采用 σ 垂向坐标变换后使整个水域具有相同的垂向分层数，给数值计算带来便利；采用蛙跳有限差分格式和分裂算子技术，水平和时间差分格式为显式，垂向差分格式为隐式，对慢过程（平流项等）和快过程（产生外重力波项）分开，分别用不同的时间步长积分，快过程的时间步长受严格的 CFL 判据的限制，内外模分离技术比完全三维计算节省很大计算量；为消除蛙跳格式产生的计算解，POM 模型在每一时间积分层次上采用了时间滤波。模型采用了完整的热力学过程，能够计算表面浮力强迫（净向下热通量和淡水通量）和侧向浮力强迫（河口淡水通量），属于完的斜压模式。目前，POM 模型在水动力和水质研究方面得到了广泛的应用，在国内外都取得了一定的成就。但 POM 模型也有一些缺点，如模型采用的是单一的 SIGMA 坐标，所以会给其自身带来一些固有的缺陷，如利用 POM 模型虽然能够模拟湍混合现象，但是计算出的混合层却有些浅。

5.2.5　ECOM 模型

ECOM 模型（3-D estuarine，coastal and ocean model）是由 Blumberg、Mellor 等在 POM 模型的基础上发展起来的浅海三维水动力学模型。该模型继承了 POM 模型的一些优点，但与 POM 模型相比，不受 CFL 条件的限制，从而可以取得较长的时间步长。著名的 ECOMSED 模型（海洋环境泥沙模型）就是基于 ECOM 模型发展而来的模拟水动力、波浪和沉积物输运的三维数值模型。ECOMSED 模型能够模拟海洋和淡水中的水位、水流、波浪、温度、盐度、示踪物、有黏性/无黏性沉积物的时空分布。它包含以下几个模块：水动力模块、沉积物输运模块、风浪模块、热通量模块、水质模块和颗粒物追踪模块。ECOM 模型中也存在着一些缺点，由于 ECOM 模型的差分格式为欧拉格式（时间前差，空间中央差），所以当涡动黏滞系数较小时，尤其当无潮汐混合和层结存在时，ECOM 模型会产生弱不稳定性；在水深变化剧烈、垂向层结强的情况下，ECOM 模型采用扣除整个海域平均密度层结的方法，来减少斜压压强梯度力产生的误差，但是在河口、浅海和大陆架海域，局部海域的层结和整个海域的层结相差很大，用这种方法仍会产生较大的斜压梯度力，当河口潮流强度大时，物质输运也可能会产生较大的误差。所以，根据实际问题的需要，需要对 ECOM 模型做相关的改进。

5.2.6　FVCOM 模型

FVCOM（an unstructured grid，finite-volume coastal ocean model）模型是由美国 Massachusetts Dartmouth 州立大学陈长胜教授领导的科研团队开发的，其控制方程包括非线性平流项、自由表面、径流、垂直混合的 2.5 阶湍流闭合模型、耦合的密度和速度场等。该模型包括了三维干/湿网格处理模块，淡水、地下水输入模块，质点跟踪模块，以及泥沙输运模块，水质模块，生态模块等。模型采用水平三角形非结构网格系统和垂向 σ 坐标相结合，可以使模型对关心区域进行网格加密，既不牺牲笛卡尔坐标的特性又可以控制计算量。模型采用有限体积法（FVM），通过积分水平三角形控制体通量的方式来求解各个控制方程，这种方法能将有限元方法较好地拟合岸界的优点和有限差分方法计算高效、离散结构简单的优点结合起来，对于处理具有复杂地形和岸界的研究区域（如河口、近岸等）来说，能更好地保证动量、质量、热量和盐度的守恒。此外该模型中嵌入了 MPDATA 差分格式，这种差分格式既保证了较高的计算精度，又较好地解决了中心差在地形变化剧烈及温度梯度较大的区域，温度模拟容易出现的计算不正定和计算不稳定的问题。

在实际应用中，要根据问题实际选择合适的计算模型。目前，温排水的数值模拟仍以深度平均的平面二维数学模型为主，三维数值模拟仍处于探索阶段。现阶段越来越多的火、核电厂选址在海陆相互作用的滨海地区，温排水受到潮汐、波浪、盐度、风场、径流等水文气象因素的影响，使得温排水运动规律变得更为复杂。因此，开发高精度的三维温排水数值模型，探求更为符合实际的数学模型、合适的计算参数和高效的计算方法，在一定程度上代表着温排水数值模拟的发展方向。

5.3　二维温排水数值模拟原理和计算方程

由于三维温排水模型本身的复杂性以及参数不易确定等因素，对于电厂温排水的数值模拟，目前仍多集中在沿垂向积分的平面二维模型上。二维温排水模型基于深度平均的二维水流运动和温升输运方程，其模拟过程是先通过水动力模型求取计算区域的二维流动，再基于对流扩散理论求取在给定水动力条件下温升的输运扩散情况。

5.3.1 二维模型控制方程

考虑水体为不可压缩，在静压假定下可略去这些物理量沿水深的变化，将三维流动的基本方程组沿水深积分，再除以水深取平均，得到沿水深平均的二维流动的基本方程。

1）连续性方程：

$$\frac{\partial \varsigma}{\partial t} + \frac{\partial (Hu)}{\partial x} + \frac{\partial (Hv)}{\partial y} = HS$$

2）动量方程：

$$\frac{\partial Hu}{\partial t} + \frac{\partial Huu}{\partial x} + \frac{\partial Huv}{\partial y} = fHv - gH\frac{\partial \varsigma}{\partial x} + A\nabla^2(Hu) + \frac{1}{\rho}(\tau_x^s - \tau_x^b)$$

$$\frac{\partial Hv}{\partial t} + \frac{\partial Hvu}{\partial x} + \frac{\partial Hvv}{\partial y} = -fHu - gH\frac{\partial \varsigma}{\partial y} + A\nabla^2(Hv) + \frac{1}{\rho}(\tau_y^s - \tau_y^b)$$

3）温升方程：

$$\frac{\partial HT}{\partial t} + \frac{\partial HuT}{\partial x} + \frac{\partial HvT}{\partial y} = \frac{\partial}{\partial x}\left(HD_x\frac{\partial T}{\partial x}\right) + \frac{\partial}{\partial y}\left(HD_y\frac{\partial T}{\partial y}\right) + HT_0S - \frac{K_sT}{\rho C_p}$$

式中，t 为时间；ς 为水位；$H = h + \varsigma$ 为总水深（图 5-1）；u 和 v 分别为 x 和 y 方向上沿水深的平均流速（$\bar{u} = \frac{1}{H}\int_{z_b}^{H+z_b} u\mathrm{d}z$，$\bar{v} = \frac{1}{H}\int_{z_b}^{H+z_b} v\mathrm{d}z$，$z_b$ 是海底高程）；S 为源汇项流量；f 为科氏力系数；g 为重力加速度；A 为湍流黏性系数；T_0 为温排水初始温升值；T 为水体沿水深平均的温升值；ρ 为水体的密度；C_p 为水体的定压比热；D_x、D_y 为 x 和 y 方向上的热扩散系数；K_s 为水面综合散热系数；τ_x^s、τ_y^s 为表面风应力，$\tau_x^s = \rho_a C_w w^2 \cos\beta$，$\tau_y^s = \rho_a C_w w^2 \sin\beta$，其中 ρ_a 为空气密度，C_w 为风应力系数，w 为水面上 10m 处风速值，β 为风向与 x 坐标轴的夹角；τ_x^b、τ_y^b 为底部摩擦阻力，$\tau_x^b = C_f u$，$\tau_y^b = C_f v$，$C_f = \frac{\rho g\sqrt{u^2+v^2}}{C^2}$，其中 C 为谢才系数 $C = \frac{1}{n}H^{\frac{1}{6}}$，$n$ 为底部粗糙系数。

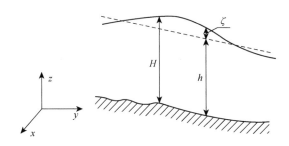

图 5-1 模型计算坐标系

5.3.2　二维模型定解条件

1. 初始条件

对于水动力计算，一般采用冷启动，即计算区域水体处于静止状态。

初始流速：$u(x, y) = 0$，$v(x, y) = 0$。

初始水位：$\varsigma(x, y) = 0$。

初始温升：$T(x, y) = 0$。

2. 边界条件

边界条件分为固壁边界（海底底面）、开边界以及取排水口边界（源汇项控制点）3 种。

固壁边界：模型计算中，水动力场在固壁处通常采用黏附边界条件，即 $u = 0$ 及 $v = 0$，或者滑移条件，即 $V_n = 0$；温升场通常采用绝热条件 $\frac{\partial T}{\partial n} = 0$；潮间带一般采用干湿网格法等动边界处理方法。

开边界 C：给定潮位变化过程，即 $\varsigma(x, y, t)\big|_{(x,y) \in C} = \varsigma(t)$，潮位过程由开边界附近实测水位资料插值给出或者由调和常数计算得到。

取排水口边界给定取排水口流量以及温排水初始温升 T_0。

5.3.3　相关参数、系数取值

要求解二维温排水模型，需要确定控制方程中出现的 4 个系数：粗糙系数 n、湍流黏性系数 A、水平热扩散系数 D_x 和 D_y、水面综合散热系数 K_s，系数的取值对计算结果有直接影响。

粗糙系数 n 是一个综合特征量，它反映了底边界粗糙程度、形态变化、地形概化等多个因素，一般可由实测水文资料反求或者由经验值给定。

根据零方程紊流模型，水流紊动黏性系数由 $A = \alpha \cdot u^* \cdot h$ 确定，其中 u^* 为摩阻流速；h 为水深；α 为常系数。在进行热扩散计算之前，应首先利用实测水文资料对上述参数、系数进行率定，以保证水流模型的正确性。

水平热扩散系数对温升场的计算结果影响较大。物质在流体中的扩散过程主要在两方面：一是由于水流流速梯度所引起的剪切流动；二是由于流体分子的运动和流体的紊动引起的物质扩散。在温排水数值模拟中应根据自然水温的不同（如冬季和夏季）来选取相应的扩散系数。另外，由于扩散过程与剪切流动有关，所以扩散系数也受流速大小的影响。在先前的温排水模拟中热扩散系数的选取通常也是采用经验方法来确定。蔺秋生等曾分析过热扩散范围对水平热扩散系数的敏感性（图 5-2），得出：热扩散系数比较明显地影响热扩散垂直水流方向的距离，即热扩散系数越大，其垂直水流方向的影响距离越大，其沿水流方向的影响距离也略有增加。

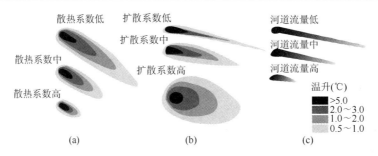

图 5-2　热扩散方程参数、系数敏感性分析

水面综合散热系数 K_s 是另一个对模型结果影响较大的系数。它是蒸发、对流和水面辐射 3 种水面散热系数的综合效应,有多种经验公式可供参考,关于该系数将在 5.3.4 节中重点介绍。

5.3.4　水面综合散热系数

温排水输入海水中的热量最终将通过对流、蒸发、辐射 3 种机制排放到大气中,在前人对温排水的二维模拟研究中,通常引入水面综合散热系数 K_s 来完全表征温排水输运扩散过程中海面散热效应的强度。水面综合散热系数是计算水面冷却能力和水体对热污染的自净能力的基本参数,定义为水面温度平均变化 1℃ 时单位水面面积的水面总散热通量的改变量。它综合体现了水气界面对流、蒸发、辐射 3 种散热能力,其中以蒸发散热为主。影响水面蒸发的因素,除水面本身温度外,还有空气中的湿度和水面以上的平均风速等因素。水面综合散热系数 K_s 对热扩散的计算结果影响较大,温排水模拟的一项重要工作就是确定合理的水面综合散热系数,其取值正确与否直接关系到计算结果的准确性。为分析 K_s 对热扩散计算结果的具体影响,曾利用 FVCOM 模型建立胶州湾青岛电厂的温排水模型,模型网格如图 5-3 所示,计算 K_s 分别取 0W/（m²·℃）、50W/（m²·℃）和 100W/（m²·℃）时电厂邻近海域高低潮时刻的温升场（表 5-1）,利用模型结果进行了热扩散对水面综合散热系数的敏感性分析（图 5-4）,K_s 对温升线包围面积的影响见表 5-2。

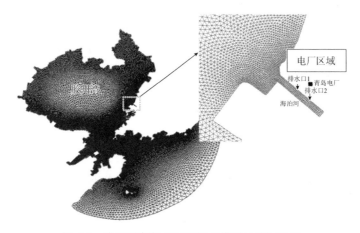

图 5-3　胶州湾青岛电厂温排水模型计算网格图

表 5-1 不同 K_s 下温升线包围面积

潮时 温升线 包围面积（km²） K_s 取值[W/(m²·℃)]	低潮时刻			高潮时刻		
	4℃	1℃	0.5℃	4℃	1℃	0.5℃
0	0.34	1.19	5.23	0.01	1.49	2.82
50	0.31	1.01	3.63	0.01	1.01	2.10
100	0.24	0.88	1.79	0.01	0.97	1.82

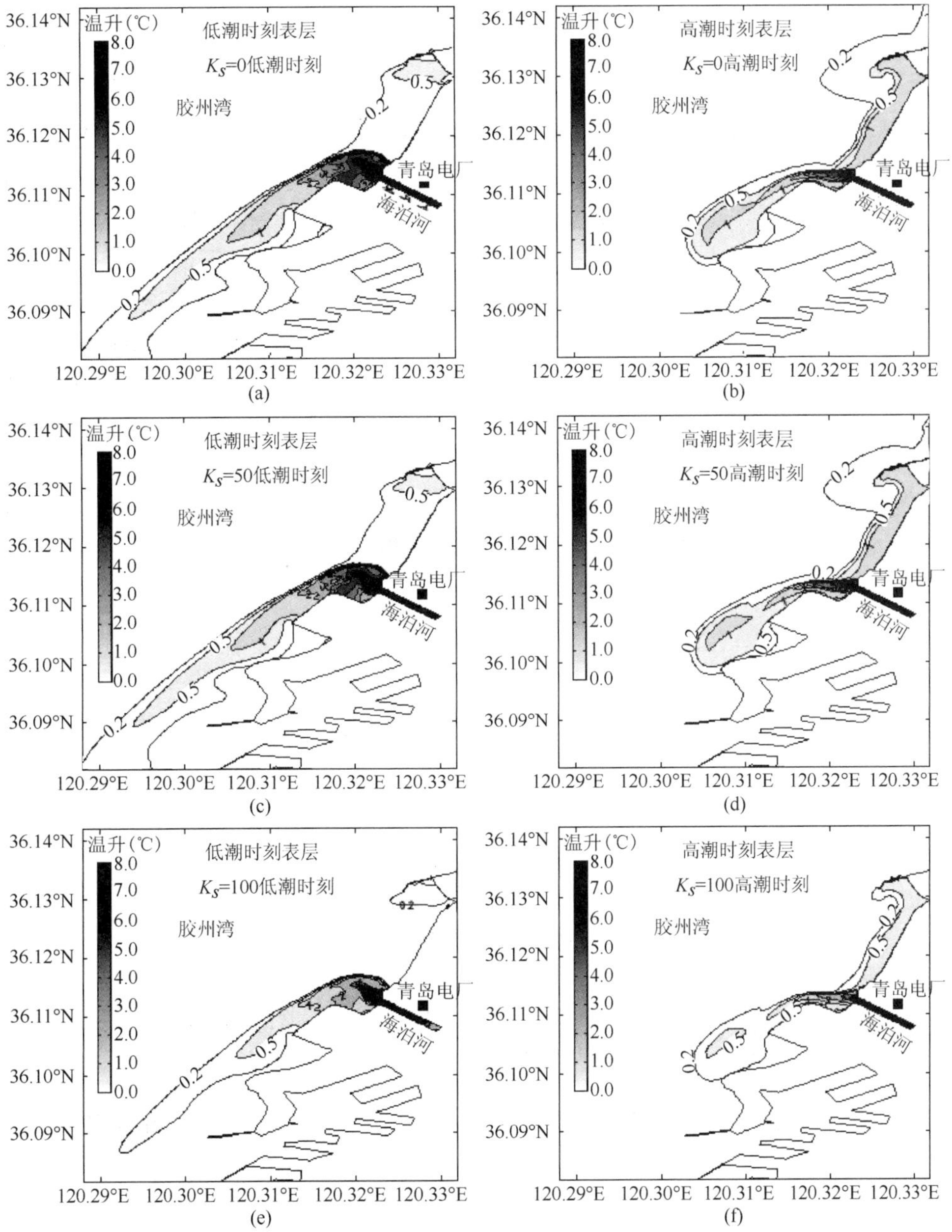

图 5-4 不同 K_s[W/(m²·℃)]下高低潮时刻温升场分布图

表 5-2　K_s 对温升线包围面积的影响

温升线包围面积减小量（%）　　　　　　潮时　　　K_s 取值[W/(m²·℃)]	低潮时刻			高潮时刻		
	4℃	1℃	0.5℃	4℃	1℃	0.5℃
50	9	15	31	0	25	32
100	26	29	66	0	35	35

比较 K_s 分别为 0W/（m²·℃）、50W/（m²·℃）、100W/（m²·℃）时的温升线分布可以看出，K_s 的取值对温升线的扩展形态没有太大影响，但对温升线的包围面积有较大影响。低潮时刻，K_s 为 0W/（m²·℃）时，4℃的温升线的包围面积为 0.34km²，K_s 为 50W/（m²·℃）、100W/（m²·℃）时，该值分别为 0.31km²、0.24km²，相比约减小了 9%和 29%；1℃的温升线的包围面积同比约减小了 15%和 26%；0.5℃的温升线的包围面积同比约减小了 31%和 66%。高潮时刻，由 1℃和 0.5℃的温升线的包围范围随 K_s 的取值变化，也可以看出相同的变化特征，即随着 K_s 取值的增大，各条温升线的包围面积有较为明显的减小，而且温升值越小，温升线的包围面积减小越显著，说明了 K_s 的取值对温升场的分布具有重要影响。对温升场进行模拟时，只有根据所研究海域的实际水文气象条件确定合理的海面综合散热系数，才能得到较为准确的计算结果。

确定水面综合散热系数常用的方法有现场实测法、公式计算法和经验取值法。目前已有的水面综合散热系数的计算公式主要有以下几种。

1）Gunneberg 公式：

$$K_s = 2.2 \times 10^{-7} \times (T + 273.5)^3 + 0.0015$$

$$\times \left[\frac{(2501.7 - 2.366 \times T) \times 25509.0 \times 10^{\frac{7.56 \times T}{T+239.7}}}{(T + 239.7)^2} + 1621 \right]$$

式中，K_s 单位为 W/（m²·℃）；T 为水面温度（℃）。

2）Gunuebety.F 公式：

$$K_s = 2.2 \times 10^{-7} \times (T + 273.5)^3 + (0.0015 + 0.00012v) \times$$

$$\left[\frac{(2501.7 - 2.366 \times T) \times 25509.0 \times 10^{\frac{7.56 \times T}{T+239.7}}}{(T + 239.7)^2} + 1621 \right] \times 10^{-3}$$

式中，K_s 单位为 W/（m²·℃）；T 为水面温度（℃）；v 为风速（m/s），在计算中有时取零值，结果偏安全。

3）　　　$$K_s = \frac{0.2388}{\rho C_p h} \left[4.6 - 0.09(T_0 + T_s) + 4.06W \right] \exp\left[0.33(T_0 + T_s) \right]$$

式中，K_s 单位为 W/（m²·℃）；T_0 为环境温度（℃）；T_s 为排水温升（℃）；W 为风速场；ρ、C_P、h 分别为水的密度（kg/m³）、比热（J/kg）和水深（cm）。

4）$K_s = 23.0 + \left[14W_2 + 22.4(\Delta\theta)^{\frac{1}{3}}\right](\beta_s + 0.225) + 7.5(\Delta\theta)^{-\frac{2}{3}}\left[e_s - e_a + 0.225(T_s - T_a)\right]$

式中，K_s 水面综合散热系数（Btu/day/ft2/℉），1Btu = 1054.35J；W_2 为水面以上 2m 处的风速（m/s）；$\Delta\theta$ 为水面与空气之间的虚温度（℉）；e_s 为温度等于水温时的饱和水汽压（mmHg）；e_a 为离水面积 2m 处空气的实际水汽压（mmHg）；T_s 为水面温度（℉）；T_a 为空气温度（℉）；$\beta_s = \dfrac{\partial e_s}{\partial T_s}$（mmHg/℉）。

5）$$K_s = \alpha\left(\frac{\partial e_s}{\partial T_s} + b\right) + 4\varepsilon\delta(T_s + 273)^3 + \frac{1}{\alpha}(b\Delta T + \Delta e)$$

$$\alpha = (22.0 + 12.5V^2 + 2.0\Delta T)^{\frac{1}{2}}$$

$$\Delta T = T_s - T_a, \quad \Delta e = e_s - e_a, \quad b = 0.66\frac{P}{1000}$$

式中，K_s 单位为 W/（m²·℃）；α 为水面蒸发系数；T_s 为海水表面的温度；T_a 为水面以上 1.5m 处的气温；e_s 为气温相应于海面水温的饱和水汽压（hPa）；e_a 为水面以上 1.5m 处的水汽压（hPa）；b 为波文比系数（hPa/℃）；P 为水上 1.5m 处的大气压；V 为水面 1.5m 处的风速（m/s）；ε 为水面长波灰体辐射系数，可取 0.97；δ 为斯蒂芬-玻尔兹曼常数。

此公式为《工业循环水冷却设计规范》中的计算公式。

为比较前人总结的各种水面综合散热系数公式计算的 K_s 的值，选取了研究文献中较常用的四种公式（表5-3），搜集了 2010 年 6 月（夏季）与 2011 年 1 月（冬季）胶州湾的相关水文气象资料，通过敏感实验分别计算了冬、夏两季四种 K_s 计算公式随海水表层温度（SST）和风速的变化（图 5-5，图 5-6）。

表5-3　不同 K_s 计算公式中变量变化范围及特征值

公式	变量名	变量变化范围		变量特征值
公式一 $K_s = 2.2 \times 10^{-7} \times (T+273.5)^3 + 0.0015$ $\times\left[\dfrac{(2501.7 - 2.366 \times T) \times 25509.0 \times 10^{\frac{7.56 \times T}{T+239.7}}}{(T+239.7)^2} + 1621\right]$	水面温度 T_s（℃）	1 月	2.4～6.4	4.2
		6 月	13.3～24.5	19.5
公式二 $K_s = 2.2 \times 10^{-7} \times (T+273.5)^3 + (0.0015 + 0.00012v)$ $\times\left[\dfrac{(2501.7 - 2.366 \times T) \times 25509.0 \times 10^{\frac{7.56 \times T}{T+239.7}}}{(T+239.7)^2} + 1621\right] \times 10^{-3}$	水面温度 T_s（℃）	1 月	2.4～6.4	4.2
		6 月	13.3～24.5	19.5
	风速 v（m/s）	1 月	0.3～17.0	7.6
		6 月	0.2～10.2	4.4

续表

公式	变量名	变量变化范围		变量特征值
公式三 $K_s = \dfrac{0.2388}{\rho C_p h}[4.6 - 0.09(T_0 + T_s) + 4.06W]\exp[0.33(T_0 + T_s)]$	水的密度 ρ（kg/m³）	1000		
	水的比热 C_p（J/kg）	4200		
	水深（m）	3		
	水面温度 T_s（℃）	1月	2.4～6.4	4.2
		6月	13.3～24.5	19.5
	风速 v（m/s）	1月	0.3～17.0	7.6
		6月	0.2～10.2	4.4
公式四 $K_s = 23.0 + \left[14W_2 + 22.4(\Delta\theta)^{\frac{1}{3}}\right](\beta_s + 0.225) + 7.5(\Delta\theta)^{-\frac{2}{3}}[e_s - e_a + 0.225(T_s - T_a)]$	水面温度 T_s（℃）	1月	2.4～6.4	4.2
		6月	13.3～24.5	19.5
	风速 v（m/s）	1月	0.3～17.0	7.6
		6月	0.2～10.2	4.4
	虚温 $\Delta\theta$（℃）	1月	−8.7～8.3	−1.2
		6月	16.5～30.8	24.1
	β_s	1月	0.5～0.7	0.6
		6月	1.0～1.8	1.4
	饱和水汽压 e_s（hpa）	1月	7.2～9.6	8.4
		6月	15.6～30.8	23.0
	实际水汽压 e_a（hpa）	1月	0.2～12.7	2.8
		6月	3.7～25.3	14.2
	空气温度 T_a（℃）	1月	−8.7～8.3	−1.2
		6月	16.5～30.6	24.0

冬季，胶州湾水面温度 T_s 的变化范围为 2.4～6.4℃，胶州湾海面风速 v 的变化范围为 0.3～17.0m/s。在特征风速（7.6m/s）下，考虑四种计算公式中水面综合散热系数 K_s 与胶州湾水面温度 T_s 的变化关系，在四种公式中水面综合散热系数 K_s 都随水面温度 T_s 的升高而增大，但四种公式计算得到的 K_s 值却差异较大，公式一计算的 K_s 变化范围为 4.4～5.1W/（m²·℃），公式二的变化范围为 29.0～33.7W/（m²·℃），公式三的变化范围为 9.1～48.1W/（m²·℃），公式四的变化范围为 33.2～44.2W/（m²·℃）；在特征 SST 下，考虑后面三种计算公式中水面综合散热系数与胶州湾海面风速 v 的变化关系，在后三种公式中，水面综合散热系数 K_s 都随胶州湾海面风速 v 的增大而增大，但后三种公式计算得到的 K_s 值差异也较大，公式二计算的 K_s 变化范围为 1.4～15.7W/（m²·℃），公式三的变化范围为 2.0～27.9W/（m²·℃），公式四的变化范围为 20.0～58.6W/（m²·℃）。各公式计算的夏季胶州湾 K_s 的变化规律与冬季相似，具体结

果，见表 5-4。

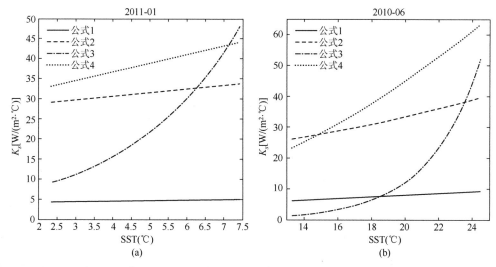

图 5-5　特征风速下 K_s 值随 SST 的变化（左：冬季；右：夏季）

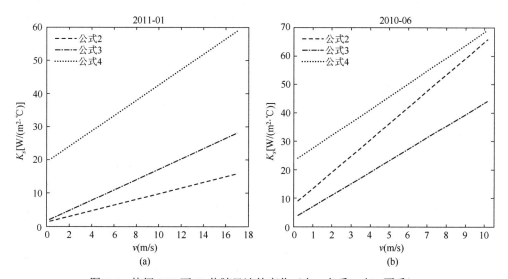

图 5-6　特征 SST 下 K_s 值随风速的变化（左：冬季；右：夏季）

表 5-4　不同公式下 K_s 的计算值

K_s 计算公式	K_s 值变化范围[W/(m²·℃)]　季节	冬季	夏季
特征风速下	公式一	4.4~5.1	6.1~9.2
	公式二	29.0~33.7	26.2~39.3
	公式三	9.1~48.1	1.4~52.6
	公式四	33.2~44.2	23.1~63.0

K_s 值变化 范围[W/(m²·℃)]　　季节 K_s 计算公式		冬季	夏季
特征 SST 下	公式二	1.4～15.7	8.9～65.6
	公式三	2.0～27.9	3.8～44.0
	公式四	20.0～58.6	24.0～68.8

由计算结果可得：在其他条件固定的情况下，四种公式计算得到的水面综合散热系数 K_s 均随着胶州湾水面温度 T_s 的增大而增大，它也与胶州湾海面风速 v 成正比，即 K_s 随着 T_s 的增大而增大，也随着 v 的增大而增大。但相比较 K_s 变化趋势的一致，各计算公式计算得到的 K_s 的数值却差异较大。在特征风速下，公式一计算得到的 K_s 的值无论是数值本身还是变化范围都是最小的，K_s 随 T_s 的变化，K_s 的变化曲线斜率很小；公式二和公式四的结果较为一致，计算得到 K_s 的值都较大，变化曲线斜率较为平缓；公式三计算得到的水面综合散热系数 K_s 随胶州湾水面温度 T_s 的变化，K_s 的变化范围最大，变化曲线接近指数形式。在特征 SST 下，公式四得到的 K_s 的值最大，K_s 随 v 的变化，K_s 的变化曲线的斜率也较大；公式二和公式三计算的 K_s 的值较公式四小，在低风速时两者的计算结果较为接近，随着风速增大差异越来越大。正因为各个公式计算结果的较大差异，截至目前还没有一个通用的海洋水面综合散热系数公式，温排水模拟中也常采取经验取值方法，由于海洋系统本身的复杂性，以及不同海区、不同季节的海域地理特性和水文气象要素等的不同，在选取水面综合散热系数计算公式时需慎重，要针对所研究问题的实际情况合理选取。

5.4　三维温排水数值模拟原理和计算方程

利用二维温排水模型可以计算得到垂向平均温升的水平扩散范围，在温排水研究和工程应用中具有重要意义。但采用二维模型处理温排水输运扩散问题时，在物理上有几个明显缺陷。首先温排水排入邻近海域后，由于温差所产生的浮力效应，温排水趋于在海水上层运移，高温水浮于表层，抑制垂向的热量，海水上层温升与深层温升往往相差较大，而二维模型无法体现这种垂向差异。中国海洋大学曾针对胶州湾青岛电厂的温排水做过实地调查（图 5-7），由代表性断面的温度观测结果（图 5-8）可以明显看出，电厂排出的高温温排水主要集聚在海水上层，海水底层的温度与表层差异显著。其次，真实流体中参与对流扩散的是海水温度，而二维温排水模型的研究对象则是温排水的温升，从物理机制上看，将温升像污染物输运扩散一样处理的做法是值得商榷的，温度的对流扩散过程不是简单地海水本底温度之上线性叠加温升的输运扩散，同时这样处理也忽略了温排水造成海水温度升高对海水密度的影响，从而忽略了温排水热力作用，改变了海水密度分布不均匀而引起的流场变化。近年来，海洋环境影响评价需要考虑温排水对底层生物的影响，这需要精确预测底层温度的分布。基于以上考虑，要更好地计算和预测温排水的输运扩散，就需要建立温排水的三维模型对温排水影响下的海水温度场进行模拟，这样才能准确了解温排水温升场的空间分布。鉴于目前计算机计算能力的大幅提升、海洋模式的成熟发展以及实际工程要求的提高，滨海电厂的温排水数值模拟越来越多地采用三维模型。

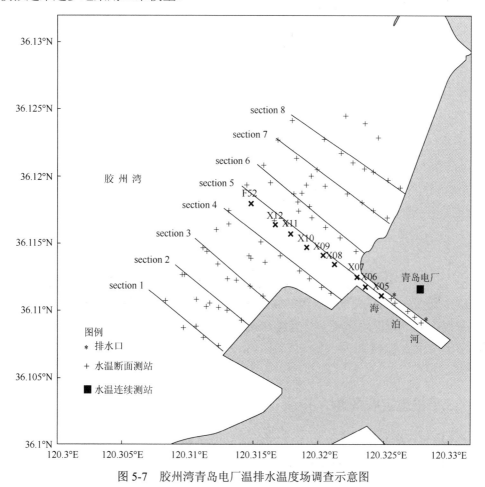

图 5-7　胶州湾青岛电厂温排水温度场调查示意图

section1～section8 表示实地调查设置的 8 个观测断面；X05～F52 表示设置在观测断面 section5 上的站位的名称，下同

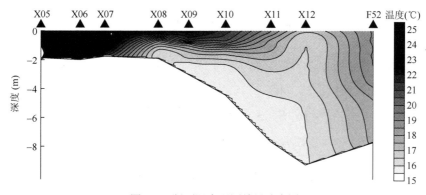

图 5-8　断面温度观测结果分布图

5.4.1　三维模型控制方程

控制方程包括动量方程、连续方程、热传导方程、盐量输运方程以及海水状态方程。以笛卡尔坐标系为例（Chen et al.，2004），其原始方程为

$$\frac{\partial u}{\partial t}+u\frac{\partial u}{\partial x}+v\frac{\partial u}{\partial y}+w\frac{\partial u}{\partial z}-fv=-\frac{1}{\rho_o}\frac{\partial p}{\partial x}+\frac{\partial}{\partial z}(K_m\frac{\partial u}{\partial z})+F_u$$

$$\frac{\partial v}{\partial t}+u\frac{\partial v}{\partial x}+v\frac{\partial v}{\partial y}+w\frac{\partial v}{\partial z}+fu=-\frac{1}{\rho_o}\frac{\partial p}{\partial y}+\frac{\partial}{\partial z}(K_m\frac{\partial v}{\partial z})+F_v$$

$$\frac{\partial P}{\partial z}=-\rho g$$

$$\frac{\partial u}{\partial x}+\frac{\partial v}{\partial y}+\frac{\partial w}{\partial z}=0$$

$$\frac{\partial T}{\partial t}+u\frac{\partial T}{\partial x}+v\frac{\partial T}{\partial y}+w\frac{\partial T}{\partial z}=\frac{\partial}{\partial z}(K_h\frac{\partial T}{\partial z})+F_T$$

$$\frac{\partial S}{\partial t}+u\frac{\partial S}{\partial x}+v\frac{\partial S}{\partial y}+w\frac{\partial S}{\partial z}=\frac{\partial}{\partial z}(K_h\frac{\partial S}{\partial z})+F_S$$

$$\rho=\rho(T,S)$$

式中，x、y、z 在笛卡尔坐标系中分别指向正东、正北和垂直向上方向；u、v、w 分别为 x、y、z 方向的速度分量；t 为模型计算时间；T、S 分别为温度和盐度；ρ 为密度；ρ_o 为标准密度；p 为压强；f 为科氏参数；g 为重力加速度；K_m 和 K_h 分别为垂向涡黏性系数和垂向热力涡扩散系数；F_u 和 F_v 为水平湍流摩擦项；F_T 和 F_S 分别为水平湍流热扩散系数和水平湍流盐扩散项。

5.4.2　三维模型定解条件

1. 表层和底层边界条件

表层和底层流速边界条件分别为

$$K_m\left(\frac{\partial u}{\partial z},\frac{\partial v}{\partial z}\right)=\frac{1}{\rho_o}\left(\tau_{sx},\tau_{sy}\right),w=\frac{\partial\zeta}{\partial t}+u\frac{\partial\zeta}{\partial x}+v\frac{\partial\zeta}{\partial y}+\frac{E-P}{\rho}\quad z=\zeta(x,y,t)$$

$$K_m\left(\frac{\partial u}{\partial z},\frac{\partial v}{\partial z}\right)=\frac{1}{\rho_o}\left(\tau_{bx},\tau_{by}\right),w=-u\frac{\partial H}{\partial x}-v\frac{\partial H}{\partial y}+\frac{Q_b}{\Omega}\qquad z=-H(x,y)$$

式中，t 为模型计算时间；H 为模型计算节点水深；(τ_{sx},τ_{sy}) 和 $(\tau_{bx},\tau_{by})=C_d\sqrt{u^2+v^2}(u,v)$ 分别为表面风应力和底摩擦力的 x 和 y 方向的分量；Q_b 为地下水流量；Ω 为地下水源的面积；E 为蒸发参数；P 为降雨参数；ζ 为水位；H 为水深；C_d 为拖曳系数，由下式决定：

$$C_d=\max\left(k^2/\ln\left(\frac{Z_{ab}}{Z_o}\right),0.0025\right)$$

式中，k=0.4 为卡曼常数；Z_o 为底部粗糙度；Z_{ab} 为距底边界的高度。

表层和底层的盐度边界条件如下：

$$\frac{\partial S}{\partial z} = \frac{S(P-E)}{K_h \rho} \cos\gamma \qquad\qquad z = \zeta(x,y,t)$$

$$\frac{\partial S}{\partial z} = \frac{A_h \tan\alpha}{K_h} \frac{\partial S}{\partial n} \qquad\qquad z = -H(x,y)$$

式中，ζ 为水位；t 为模型计算时间；H 为水深；E 为蒸发参数；P 为降雨参数；$\gamma = 1/\sqrt{1+|\nabla\zeta|^2}$；$A_h$ 为水平热扩散系数；α 为底边界的坡度角；n 为斜坡法线方向单位矢量。

表层和底层的温度边界条件如下：

$$\frac{\partial T}{\partial z} = \frac{1}{\rho c_p K_h} [Q_n(x,y,t) - SW(x,y,\zeta,t)] \qquad z = \zeta(x,y,t)$$

$$\frac{\partial T}{\partial z} = \frac{A_h \tan\alpha}{K_h} \frac{\partial T}{\partial n} \qquad\qquad z = -H(x,y)$$

式中，$Q_n(x,y,t)$ 为表面净热通量；$SW(x,y,\zeta,t)$ 为表面的入射短波通量；c_p 为海水的比热；A_h 为水平热扩散系数；T 为海水温度；n 为斜坡法线方向单位矢量。

这里假设长波辐射、感热和潜热都发生在海表面，而短波辐散的衰减过程为

$$SW(x,y,z,t) = SW(x,y,0,t)[Re^{\frac{z}{a}} + (1-R)e^{\frac{z}{b}}]$$

式中，$SW(x,y,0,t)$ 为海表面的短波辐射通量；$SW(x,y,z,t)$ 为水深 z 处的短波辐射通量；a、b 分别为短波辐散中波长较长和较短的波的衰减长度；R 为波长较长的波所占的比例；e 为自然对数。

海气界面净热通量 $Q_n = Q_s + Q_b + Q_h + Q_e$，等式右边四项依次表示太阳辐射、海面有效回辐射、感热通量和潜热通量。

1）太阳辐射：

$$Q_s = Q_0(1 - K_c N)(1 - r)$$

式中，Q_0 为晴空下的太阳辐射，$Q_0 = Q^* \cdot \sin h$，其中 Q^* 为太阳常数，h 为太阳高度角；K_c 为云遮系数；N 为总云量；r 为反照率，忽略地球半径对日地距离的影响。

$$\sin h = \sin\phi \sin\delta + \cos\phi \cos\delta \cos\omega$$

ϕ 为当地纬度，因为研究区域纬度变化较小，本书模拟中统一取为 36°；ω 为时角；δ 为太阳赤纬，一年中在+23.5°（夏至日）到–23.5°（冬至日）变化，在一日之中 δ 的变化很小，可视为常数。

$$\delta = \arcsin[\sin(23.5\pi/180)\sin(2\pi K/D)]$$

式中，$D = 365$ 或 366；K 为从 3 月 21 日起算的天数，3 月 21 日，$K = 1$。

一天内太阳辐射总量为

$$Q_d = \int_{t_1}^{t_2} Q_s \mathrm{d}t = \int_{-\omega_0}^{+\omega_0} Q_s \frac{T}{2\pi} \mathrm{d}\omega$$

式中，t_1、t_2 分别为日出和日落的时间；$-\omega_0$、$+\omega_0$ 分别为日出和日落对应的时角；T 为一昼夜的时间，$T = 86400\text{s}$。令 $\sin h = 0$，可得日出日落时的时角 ω_0，即 $\cos\omega_0 = -\tan\phi \tan\delta$。

2）海面有效回辐射：

$$Q_b = S\sigma T_w^4(a - b\sqrt{e_a})(1 - K_c N) + 4S\sigma T_w^3(T_w - T_a)$$

式中，a、b 为常数，a 取 0.39，b 取 0.05；$T_w - T_a$ 为海气温差；S 为海面有效辐射与完全黑体辐射之比；e_a 为海面水汽压；σ 为斯蒂芬-玻尔兹曼常数。

3）感热通量和潜热通量：

感热通量，$Q_h = \rho_a C_p C_H (T_s - \theta) V_{10}$

潜热通量，$Q_e = \rho_a L_e C_E (q_s - q_a) V_{10}$

式中，ρ_a 为空气密度（kg/m³）；C_P 为空气定压比热[J/（kg·K）]；L_e 为水汽蒸发潜热（J/kg）；T_s 为海表温度（K）；θ 为大气位温（K）；V_{10} 是距海面 10m 高度的风速（m/s），q_s 为海气界面处的空气比湿（g/kg）；q_a 为距海面 10m 处的空气比湿（g/kg）；C_H 感热交换系数；C_E 潜热交换系数。

2. 陆地边界条件

在固体边界，流速、盐度、温度的边界条件为

$$v_n = 0, \quad \frac{\partial S}{\partial n} = 0, \quad \frac{\partial T}{\partial n} = 0$$

式中，v_n 为在固体边界处的法向流速。

排水口边界给定排水口流量以及温排水初始温度。

3. 开边界条件

模型的开边界应提供一定的水位强迫，主要是潮汐引起的水位变化。开边界条件的好坏决定模型内部计算的准确与否。因此，开边界条件应力求准确。一般而言，开边界的潮强迫应至少包含主要的半日分潮 M_2、S_2 和主要的全日潮 O_1、K_1。同时，为了减小开边界对研究区域的影响，开边界的选取位置要离开研究区域相当的距离。

温度和盐度的开边界条件为：流入时取给定的值，流出时一般采用重力波辐射边界条件。

4. 初始条件

对于水动力计算，一般采用冷启动，即计算区域水体处于静止状态。

初始流速：$u(x,y,z) = 0$，$v(x,y,z) = 0$；

初始水位：$\varsigma(x,y) = 0$；

初始盐度场：温排水的实际影响范围一般在几千米到十几千米范围内，计算区域内盐度的变化一般很小，所以通常取均一场 $S(x,y,z) = c$，c 为常数，依据所研究海域的盐度资料给定。

初始温度场：温度场一般是不均匀的，如果有充足的研究海域的温度资料，可根据资料插值给定初始温度场。如果缺乏研究海域的温度资料，也可作温度初始场的处理，给定一均匀初始场 $T(x,y,z) = c$。

5.4.3 湍流封闭方法

考虑湍流脉动后，引入方程中的水平扩散系数和垂向扩散系数还无法确定，因此方

程并不封闭，要对方程进行数值求解，必须在湍扩散系数和平均速度之间建立补充关系式。水平扩散系数和垂向扩散系数可通过如下方法进行求解。

1. 水平扩散系数

模型中水平方向的紊动黏性系数，由 Smagorinsky（1963）亚网格尺度模型公式确定。水平湍流摩擦系数 A_m 和水平湍流热盐扩散系数 A_h 定义如下：

$$A_m = 0.5C\Omega^u \sqrt{\left(\frac{\partial u}{\partial x}\right)^2 + 0.5\left(\frac{\partial v}{\partial x} + \frac{\partial u}{\partial y}\right)^2 + \left(\frac{\partial v}{\partial y}\right)^2}$$

$$A_h = \frac{0.5C\Omega^\zeta}{P_r} \sqrt{\left(\frac{\partial u}{\partial x}\right)^2 + 0.5\left(\frac{\partial v}{\partial x} + \frac{\partial u}{\partial y}\right)^2 + \left(\frac{\partial v}{\partial y}\right)^2}$$

式中，C 为水平混合系数；Ω^u 和 Ω^ζ 分别为动量控制单元和物质控制单元的面积；P_r 为普朗特数。

2. 垂向扩散系数

目前，垂向湍流封闭方法主要有两种：一种为 Mellor 和 Yamada（1982）的 2.5 阶湍流封闭方案（MY-2.5），另一种为 Rodi（1980）k-ε 封闭方案。这里简单介绍一下应用较为普遍的 MY-2.5。

$$\frac{\partial q^2}{\partial t} + u\frac{\partial q^2}{\partial x} + v\frac{\partial q^2}{\partial y} + w\frac{\partial q^2}{\partial z} = 2\left(P_s + P_b - \varepsilon\right) + \frac{\partial}{\partial z}\left(K_q \frac{\partial q^2}{\partial z}\right) + F_q$$

$$\frac{\partial q^2 l}{\partial t} + u\frac{\partial q^2 l}{\partial x} + v\frac{\partial q^2 l}{\partial y} + w\frac{\partial q^2 l}{\partial z} = lE_1\left(P_s + P_b - \frac{W}{E_1}\varepsilon\right) + \frac{\partial}{\partial z}\left(K_q \frac{\partial q^2 l}{\partial z}\right) + F_l$$

式中，$q^2 = (u'^2 + v'^2)/2$ 为湍流动能；l 为湍流尺度；K_q 为垂向涡黏性系数；F_q 和 F_l 分别为湍流动能和湍流长度的水平扩散；E_1、E_2 为经验常数，分别取 1.8、1.33；$P_s = K_m(u_z^2 + v_z^2)$ 和 $P_b = gK_h\rho_z/\rho_o$ 分别为湍流动能的剪切积和浮力积；$\varepsilon = q^3/B_1 l$ 为湍流动能的耗散率；$W = 1 + E_2 l^2/(kL)^2$，其中 $L^{-1} = (\zeta - z)^{-1} + (H + z)^{-1}$，$k$ 为卡曼常数，取 0.4。

通过如下定义可使得湍流动能和湍流长度等式封闭：

$$K_m = lqS_m, \quad K_h = lqS_h, \quad K_q = 0.2lq$$

S_m 和 S_h 分别为 $S_m = \dfrac{0.4275 - 3.354G_h}{(1 - 34.676G_h)(1 - 6.127G_h)}$，$S_h = \dfrac{0.494}{1 - 34.676G_h}$。其中，$G_h = \dfrac{l^2 g}{q^2 \rho_o}\rho_z$。

5.4.4　三维温排水温度场预测模拟方案

综合考虑海气界面的太阳辐射、海面有效回辐射、感热通量和潜热通量，通过建立三维温排水模型可以得到温排水影响下的三维温度场，但在实际中人们往往关心的是温排水引起的温升场。为了得到三维的温升场，可以利用所建立的模型对去掉温排水影响下的三维温度场再进行一次计算，然后利用前后两个温度场的差求得温排水引起的三维温升场，技术路线图，如图 5-9 所示。

我们曾利用 FVCOM 模型建立了胶州湾青岛电厂的三维温排水模型，计算得到了温

排水影响下电厂邻近海域的温度场,与实测的温度结果吻合较好。在此基础上,采用图5-9
所示的温升场计算路线,计算了夏季胶州湾青岛电厂温排水引起的三维温升场(图5-10),
温升线包围面积,见表5-5。

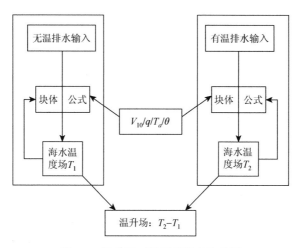

图 5-9　温升场三维模拟技术路线图

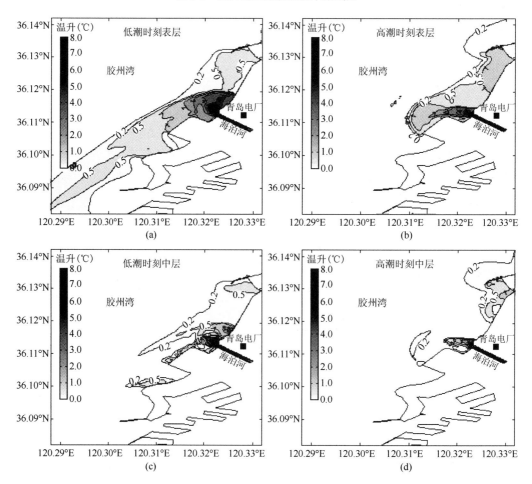

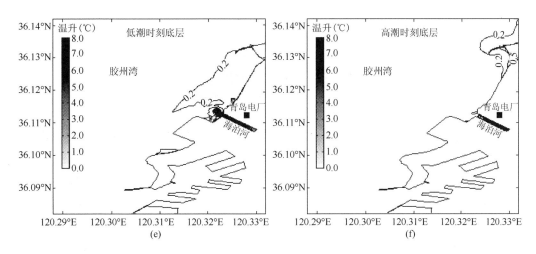

图 5-10 胶州湾青岛电厂高、低潮时刻三维温升场分布图

表 5-5 温升线包围面积

温升线 包围面积（km²） 层次	潮时 低潮时刻			高潮时刻		
	4℃	1℃	0.5℃	4℃	1℃	0.5℃
表层	0.31	1.01	3.63	0.01	1.01	2.10
中层	0.06	0.25	0.60	0.003	0.15	0.45
底层	0.03	0.04	0.07	0.00	0.00	0.00

　　由表 5-5 可得，表层 4℃的温升线的包围面积为 0.31km²（不包含海泊河内的面积），而到中层该值迅速减小为 0.06km²，到底层变为 0.03km²；1℃和 0.5℃的温升线的包围范围也呈现出相同的特征：表层向下温升线的包围范围剧烈减小，其中尤以表层到中层的变化为甚，说明温排水主要集中在海水的中上层运动。高潮时刻，由于涨潮期间外海水向海泊河内涌入，温排水不易向外扩散，温升线的包围范围较低潮时刻明显减小，4℃的温升基本保持在海泊河口外不存在，而由 1℃和 0.5℃的温升线的包围范围的变化，也可以看出相同的垂向变化特征。

　　模型结果表明：温排水受纳水体表层的温升较大，表层向下温升迅速减小，尤其是表层到中层，变化尤为剧烈，底层的温升值很小。说明由于热浮力效应，温排水主要集中在海水的中上层运动，海水温升分布在表、中、底层呈现出明显的垂向差异，而垂向平均的二维温排水数值模型无法反映这种情况，只有建立三维模型才能更加准确模拟温排水的运动扩散，才能预测温排水造成水面、底层等各层次温度水平分布和三维垂直结构，从而为相关学科科学合理评价温排水对海洋环境影响提供基础资料。因此，三维温度场预测模拟技术是将来温排水数值模拟的趋势和方向。

5.5　温排水温升影响的数值模拟应用

5.5.1　核电厂温排水温升影响的数值模拟应用

1. 案例简介

福建福清核电厂厂址位于兴化湾东北岸前薛半岛南端岐尾岬角附近的岐尾山，狭长的前薛半岛北、南、西三面环海，东北侧与陆地连接。福清核电厂地理位置，如图 5-11 所示。福建福清核电厂工程规划容量为 6×1000MW 级核电机组，一次规划、分期建设，一期工程建设 2×1000MW 级核电机组。技术路线选用压水堆，1#～6#机组技术方案都采用 M310＋改进型，其参考电站是岭澳一期核电站，参照岭澳二期工程。核电厂采用直流循环冷却系统，从兴化湾海域取海水作为冷却水，利用后再排入海域（温排水）。取排水方案采用北取南排的分列布置方案，取水、排水工程考虑明渠方案。排水口位于厂区南侧，考虑远岸排放方案。电厂装机容量及冷却水量和取排水温升，见表 5-6。

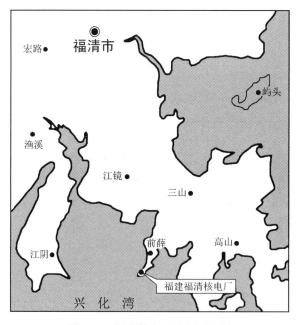

图 5-11　福清核电厂位置示意图

表 5-6　福清核电厂装机容量及冷却水量和取排水温升

机组数量（台）	单机容量（MW）	总水量（m³/s）	温升（℃）
2	2000	113	8.5
4	4000	226	8.5
6	6000	339	8.5

2. 数值模型建立

（1）模型选择

针对福清核电厂温排水数模研究的技术要求，结合国内外研究工作的现状和以往的实践经验，采用丹麦水力学所开发的平面二维数学模型 MIKE21 来研究潮流和温度场分布。

（2）计算区域

数值模拟区域北至闽江口梅花水文站北部，南至泉州湾崇武海洋站，外海至海图水深 60m 等深线附近，此计算域长约 160km，宽约 100km，面积约 16000km^2，如图 5-12 所示。

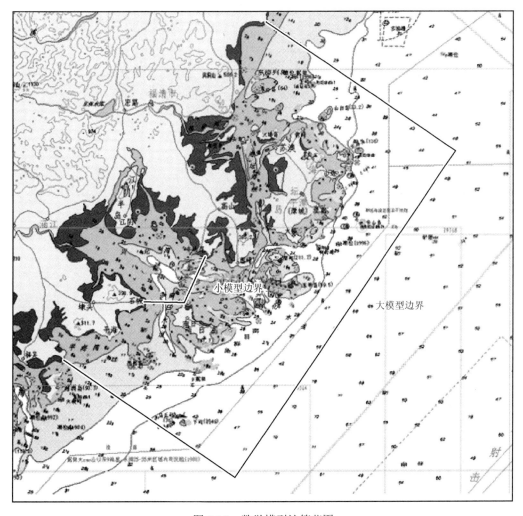

图 5-12　数学模型计算范围

（3）网格尺度

计算网格的尺度应能反映水工构筑物及沿岸地形（包括潮间带）对研究细部流场和

物质输运的影响，大区域网格大小选择945m，小区域网格大小选择315m，另外，为了更好地模拟取排水明渠口门的结构，在其附近网格进行加密，最小网格大小为35m。模型网格，如图5-13所示。

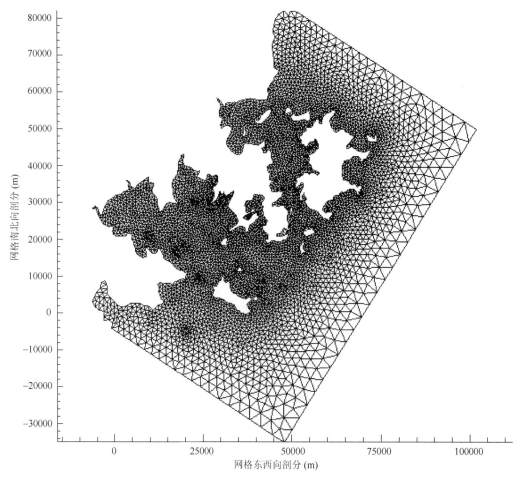

图 5-13　福清核电厂温排水预测模型网格剖分图

（4）参数选择

1）水流边壁阻力系数 n，取值为 0.02～0.025。

2）水流涡黏性系数 E，取值为 0.5～4m²/s。

3）扩散系数 D，随具体水流等环境的变化，物质扩散系数在一个较大的范围内变化，本次计算中 D 的取值范围为 5～15m²/s。

4）表面综合散热系数 K 采用《工业循环水冷却设计规范》中的水面综合散热系数 K 的公式计算：

$$K = (k+b)\alpha + 4\varepsilon\sigma(T_s + 273)^3 + (1+\alpha)(b\Delta T + \Delta e)$$

根据厂址附近的气象、水温条件，夏季水面综合散热系数取 47W/（m²·℃），冬季水面综合散热系数取 27W/（m²·℃）。

3. 温升场预测结果

针对该工程的不同工况，进行了多种情景的温升场预测。

（1）全潮温升包络分布

利用建立的温排水数值模型,预测了全潮最大等温升线包络面积,预测结果见表5-7。对应的各工况全潮最大温升包络分布，如图5-14所示。

表 5-7　全潮温升包络线包围面积

工况	装机容量（MW）	潮型	全潮温升包络线包围面积（km²）				
			4℃	3℃	2℃	1℃	0.5℃
1	2×1000	夏季典型大潮	—	—	1.0	8.2	26.5
2		夏季典型中潮	—	—	1.0	8.5	27.1
3		夏季典型小潮	—	—	1.0	9.2	28.7
4		冬季典型大潮	—	—	1.1	10.8	32.7
5		冬季典型中潮	—	—	1.2	12.1	34.2
6		冬季典型小潮	—	—	1.4	14.8	39.7
7	6×1000	夏季典型大潮	—	1.2	2.6	32.5	73.2
8		夏季典型中潮	—	1.4	3.1	37.8	75.0
9		夏季典型小潮	1.2	1.6	3.6	40.9	80.7
10		冬季典型大潮	1.1	1.6	2.8	57.5	99.3
11		冬季典型中潮	1.2	1.9	3.1	61.0	103.3
12		冬季典型小潮	1.3	2.1	5.1	65.4	110.9

注：“—”代表相应包络范围小于0.9km²，下同

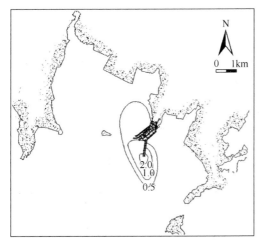

(a) 夏季典型大潮全潮最大温升图（2×1000MW）

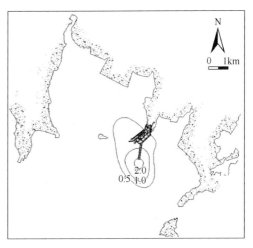

(b) 夏季典型小潮全潮最大温升图（2×1000MW）

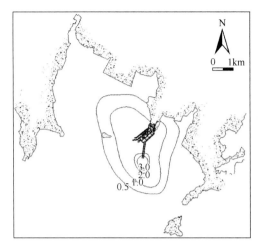

(c) 夏季典型小潮全潮最大温升图（6×1000MW）   (d) 冬季典型大潮全潮最大温升图（2×1000MW）

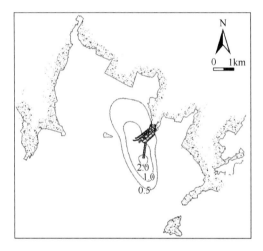

(e) 冬季典型小潮全潮最大温升图（2×1000MW）   (f) 冬季典型小潮全潮最大温升图（6×1000MW）

图 5-14　全潮最大温升图

（2）全潮平均等温升线包络分布

利用建立的温排水数值模型，预测了全潮平均等温升线包络面积，预测结果见表 5-8。对应的各工况全潮平均温升包络分布，如图 5-15 所示。

表 5-8　全潮平均等温升线包络面积

工况	装机容量（MW）	潮型	全潮平均等温升线包络面积（km²）				
			4℃	3℃	2℃	1℃	0.5℃
1	2×1000	夏季典型大潮	—	—	—	2.3	14.4
2		夏季典型中潮	—	—	—	2.5	15.5
3		夏季典型小潮	—	—	—	2.8	17.4
4		冬季典型大潮	—	—	—	2.9	18.4

续表

工况	装机容量 （MW）	潮型	全潮平均等温升线包络面积（km²）				
			4℃	3℃	2℃	1℃	0.5℃
5	2×1000	冬季典型中潮	—	—	—	3.4	20.8
6		冬季典型小潮	—	—	—	4.5	25.6
7	6×1000	夏季典型大潮	—	—	1.4	17.3	39.9
8		夏季典型中潮	—	—	1.7	20.6	44.1
9		夏季典型小潮	—	—	2.4	26.9	53.0
10		冬季典型大潮	—	1.2	2.2	23.1	60.9
11		冬季典型中潮	—	1.2	2.5	25.2	64.8
12		冬季典型小潮	—	1.3	2.8	33.9	76.9

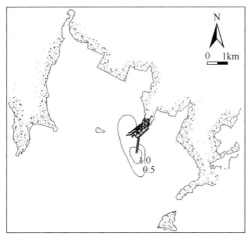

(a) 夏季典型大潮全潮平均温升图（2×1000MW）

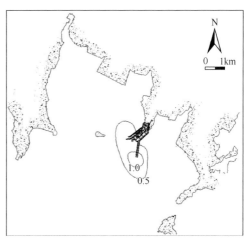

(b) 夏季典型小潮全潮平均温升图（2×1000MW）

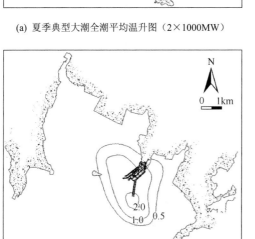

(c) 夏季典型小潮全潮平均温升图（6×1000MW）

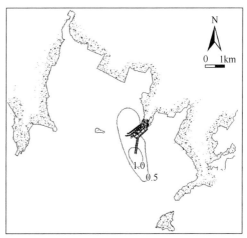

(d) 冬季典型大潮全潮平均温升图（2×1000MW）

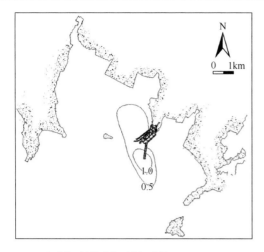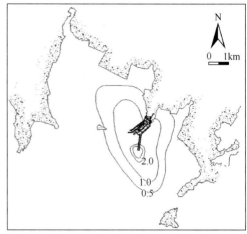

(e) 冬季典型小潮全潮平均温升图（2×1000MW）　　　(f) 冬季典型小潮全潮平均温升图（6×1000MW）

图 5-15　全潮平均温升图

5.5.2　火电厂温排水温升影响的数值模拟应用

1. 案例简介

华能青岛电厂位于青岛胶州湾（图 5-16），一期和二期工程分别建设 2×300MW 引进型燃煤发电机组，三期工程建设 2×300MW 亚临界燃煤热电联产机组。一、二、三期取水口位置基本一致，布置在自然海床面–9.0m 左右高程，距岸边约 900m。取排水温差为 8.0℃左右，每台机组配一条 2.5m×2.5m 的钢筋混凝土排水沟，排水口布置在海泊河。温排水排放量设为 33.6m³/s，温排水通过海泊河内的两个排水口连续均匀排放，温升 8℃。

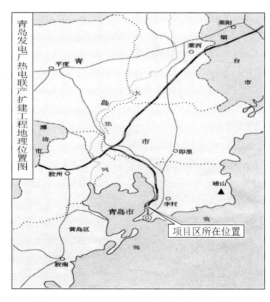

图 5-16　胶州湾青岛电厂地理位置示意图

2. 数值模型建立

（1）模型选择

利用 FVCOM 数值模型，建立胶州湾的三维潮汐潮流数值模型来研究潮流和温度场分布。模型垂向分 7 个 σ 层，计算采用的二维正压外模时间步长为 0.05s，三维斜压内模时间步长为 0.25s。利用海气热界面平衡方程，综合考虑太阳辐射、海面有效回辐射、潜热通量和感热通量，在模型中嵌入块体公式计算感热通量和潜热通量，对在温排水影响下胶州湾的温度场进行了数值模拟。

（2）计算区域和网格尺度

计算区域包括整个胶州湾及其邻近海域，模型分辨率平均约为 200m，在岛屿、岸边界、地形变化剧烈和所关心的胶州湾青岛电厂附近的区域进行网格加密，分辨率约为 20m。计算区域共有 31901 个计算网格节点，60607 个三角形计算单元，模型计算域及网格设置，如图 5-17 所示。

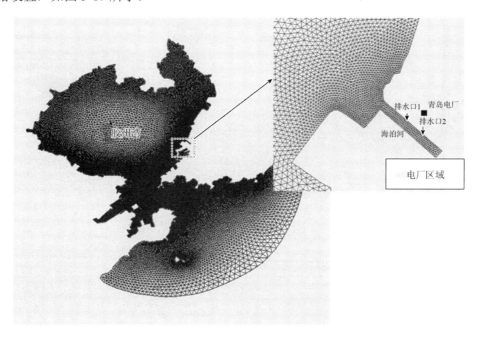

图 5-17　数学模型计算范围

（3）预测方法

综合考虑海气界面的太阳辐射、海面有效回辐射、潜热通量和感热通量，在模型中嵌入块体公式计算感热通量和潜热通量，对在有和没有温排水影响下的胶州湾温度场进行数值模拟，然后利用两个温度场的差求取温排水引起的温升，技术路线图如图 5-9 所示。

3. 温升场模拟结果

（1）胶州湾夏季温度场模拟结果

在考虑海气界面热通量的条件下，根据建立的温排水模型模拟了有和没有温排水排放的两种情况的温度场，然后将两个温度场相减得到温升场，预测了夏季表层温升场的分布情况，如图 5-18 和表 5-9 所示。

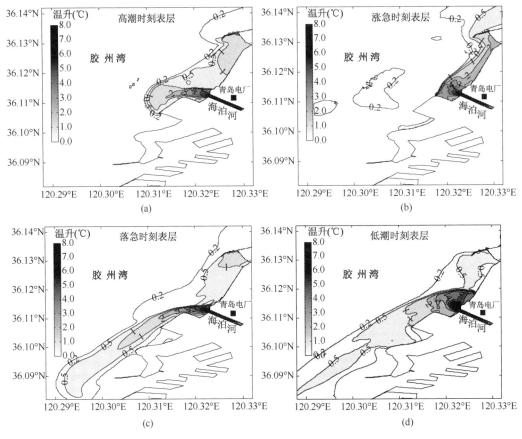

图 5-18　夏季表层温升场分布图

表 5-9　夏季温升场包络面积预测结果

温升线包围面积（km²）　　温升 潮特征时刻		4℃	2℃	1℃
涨急时刻	三维温升场模拟结果	0.07	0.41	0.89
高潮时刻	三维温升场模拟结果	0.05	0.44	0.98
落急时刻	三维温升场模拟结果	0.05	0.22	1.08
低潮时刻	三维温升场模拟结果	0.11	0.57	0.99

（2）胶州湾冬季温度场模拟结果

在考虑海气界面热通量的条件下，根据建立的温排水模型模拟了有和没有温排水排放的两种情况的温度场，然后将两个温度场相减得到温升场，预测了冬季表层温升场分布情况，如图 5-19 和表 5-10 所示。

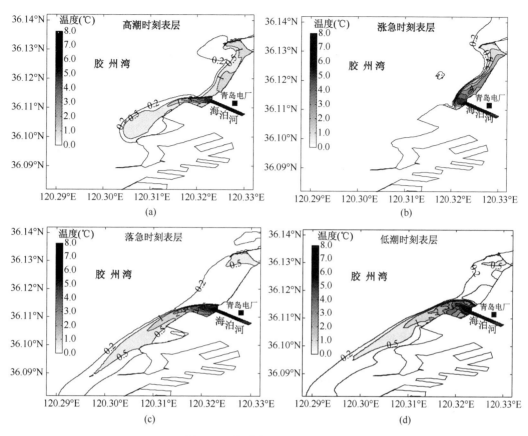

图 5-19　冬季表层温升场分布图

表 5-10　冬季温升场包络面积预测结果

温升线 包围面积（km²） 潮特征时刻		4℃	2℃	1℃
涨急时刻	三维温升场模拟结果	0.17	0.39	0.44
高潮时刻	三维温升场模拟结果	0.05	0.09	0.43
落急时刻	三维温升场模拟结果	0.13	0.22	0.43
低潮时刻	三维温升场模拟结果	0.16	0.35	0.82

第6章　滨海电厂温排水海洋生态损害评估技术

6.1　温排水海洋生态损害评估进展概述

鉴于海洋环境的特殊性、滨海电厂污染的严重性以及滨海电厂生态损害评估补偿技术研究的缺乏性，对滨海电厂污染损害生态评估技术研究显得十分重要。目前我国滨海电厂温排水生态损害评估主要是通过对电厂周围海域的环境质量现状和生态状况进行调查实验，了解电厂给周围水域环境带来的影响，包括对电厂邻近海域的水质、渔业生产、生态环境以及温排水的影响，并以此作为评价重点对污染损害进行评估。

由于滨海电厂的选址大多靠近海湾、河口等，因此，必将对周围的生态系统产生影响。滨海电厂温排水大多数直接排放至近海水域，是一种潜在的大范围污染源。温排水对环境的影响主要包括两个方面：余氯和温升。目前，国内外关于温排水的模型研究以及温排水中余氯和温升对浮游动、植物，底栖动物单方面的研究比较多。美国、西欧、原苏联等地区早在20世纪50年代就开展了有关温排水的环境影响研究。原苏联 A·阿里莫夫等出版了生态热影响论文集；日本的 I.Kokaji 以 Takahama 核电站为例评价了温排水对自然环境的影响；我国在温排水热效应方面的研究起步比较晚，是从80年代后期才开始的。

美国是目前环境自然资源损害评估方法最完备的国家，海洋污染事故可经由执行自然资源损害评估（natural resource damage assessment，NRDA）计划完成损害赔偿金额的评估。

我国对污染事故的损害评估主要集中在清污费用、渔业经济损失、财产损失等方面，而对污染造成的海洋生态系统服务功能、环境容量损失、生境破坏等环境损害，由于缺乏法律认可的污染损害与索赔的评估方法，无法进行科学的量化，以致我国发生的化学品泄漏事故往往得不到充分的赔偿。国家海洋局北海环境监测中心在"塔斯曼海"油轮生态污损索赔案研究中，首次提出了海洋溢油环境与生态损害评估技术理论框架，对海洋溢油环境与生态损害特点、评估的主要内容，以及程序、评估采取的方法等进行了较为系统的研究与总结。之后，北海环境监测中心以"塔斯曼海"油轮海洋溢油环境与生态损害评估理论及技术方法为基础，制定了《海洋溢油生态损害评估技术导则》。但该导则仅针对已经发生的污染事故，并非对环境风险进行评估；仅为针对油品泄漏的生态损害评估技术与标准，对于有毒有害的化学品，尤其是可溶性的化学品，目前尚无评估技术与标准。

滨海电厂温排水方面，在国际上，主要的海洋国家都对温排水排放制订了一些管理规定。我国目前还没有专门的冷却水排放标准，仅在有些水环境质量标准中对水体的温升提出了明确的规定。我国近些年也开展了电厂温排水对环境生物影响的研究，但尚缺乏关于温排水对海洋生物损害的生态补偿研究。

为了保护发电设施，降低生产成本，电厂经常采用间歇通氯的方式防止污损生物在冷却系统中附着，但排放的冷却水中留有的大量余氯会对排放区域水体水生生物产生有害影响。国内外相关的研究主要集中在余氯对水体中海洋生物的毒理效应和生物量变化影响等方面。Rajagopal 等（1997，2003）和 Masilamoni 等（2002）都对余氯对海洋生物毒性效应进行了详细研究。我国曾江宁等（2005）研究了余氯对水生生物的影响；温伟英等（1993）对电厂冷却水余氯对海洋环境的影响进行了探讨；徐兆礼等（2007）也曾对于机械卷载和余氯对渔业资源损失量进行评估研究。但就余氯的污染生态损害补偿方面的研究还显得相当薄弱。

6.2　温排水海洋生态损害评估概念内涵

6.2.1　温排水海洋生态损害概念的提出

水体（海水、河流、湖泊等）由进水口进入到电厂机组的冷却系统，通过热量交换最终由排水口排出，这种由电厂排出且温度高于周围水体的冷却水即为温排水。温排水的生态影响是指滨海电厂运营后产生的大量经机械卷载滤过的、富含热量、余氯、核素等的温排水挟带入海而导致的局部海域环境质量下降、海洋生物群落结构改变及海洋生态服务减弱。

滨海电厂温排水排入海洋后引起了一系列的环境与生态效应，主要包括一定范围内水体的升温，对营养盐、光照强度、水温和 pH 等水体环境因子具有综合的影响，对鱼类产卵场、索饵场、养殖场以及鱼类的产卵、孵化、生长能力产生一定的负面影响，从而导致局部海域底栖生物与渔获物组成改变、自然资源受损、补充群体减少，甚至使有些鱼类出现畸形或死亡。

滨海电厂温排水的排放改变了原有海域、滩地的理化性质随季节周期性变化的特点，使原有生物周期性规律消失、改变了生物种类、生物多样性指数下降、生态净化功能受阻、生态系统变得脆弱、生态缓冲能力下降。

根据温排水对海洋生态环境影响的特点以及海洋生态损害的定义，温排水海洋生态损害是指，滨海电厂运营后产生的大量经机械卷载滤过的、富含热量、余氯、核素等的冷却水挟带入海的而导致的局部海域环境质量下降、海洋生物资源受损，甚至群落结构改变及海洋生态服务减弱。

6.2.2　温排水海洋生态损害评估的内涵

滨海电厂对邻近水域造成的污染损害最主要是由其冷却系统排放的温排水所引起的。虽然一次冷却水排放所挟带的废热不是很高，但循环冷却水排放量巨大，其含余热量还是相当可观的。温排水造成的生态环境损害除了废热排放引起的热污染，还包括循环冷却水卷载机械作用对海洋生物的损害以及冷却水中所含有的余氯对水质的影响。冷却水中之所以加氯，是为了防止冷凝器附着生物形成绝热层，影响冷却效果甚至堵塞冷却系统。投放氯气可以清除管道中附着的藻类微生物。热污染、余氯一方面会对电厂邻近海域的水质造成影响，另一方面会影响到这些海域生态系统的结构、功能、物质循环过程等，从而进一步影响到该生态系统生态服务价值的实现。

温排水引发的海洋生态损害是造成人类生存和发展所必须依赖的海洋生态环境的任何组成要素或者其任何多个要素相互作用而构成的整体的物理、化学、生物性能的任何重大退化，而绝不是简单的某一单项或几项要素的衰退，必须从海洋生态系统有机性与关联性的高度出发，认识这一生态损害类型，并引起高度重视。但就目前的技术水平而言，温排水对海洋生态造成的损害主要包括 3 个方面：海洋生物资源损害、海洋环境容量损害和海洋生态系统服务损害。

海洋生物资源损害是指机械卷载对冷却水体中浮游生物、鱼卵仔鱼等导致的生物损伤。海洋环境容量损害是指挟带有大量热量、余氯、核素的大量水体进入受纳水域后，局部海域出现水体温度升高、溶解氧含量下降以及其他理化指标的改变而导致相应的海洋环境容量的损害，就目前水平而言，主要是热容量损害。海洋生态系统服务损害是指因水体的理化性质改变而导致水体浮游生物、底栖生物、鱼类等产生的负面影响造成包括生产功能（初级生产力）、调节功能（光合作用）、支持功能（营养物质循环和避难所）和休闲娱乐功能（景观和美学价值等）的部分受损。

6.3　温排水海洋生态损害评估方法

6.3.1　温排水的影响

温排水对受纳水体生态环境造成的影响一直是火（核）电厂建设及水资源保护工作需要密切关注的问题，也是环境科技工作者研究的一个重要内容。温排水进入受纳水体后，使水温超过自然水温，它直接或间接地对水环境特别是对水生生物产生影响，这种影响包括有益（正影响）和有害（负影响）两个方面，本书主要开展温排水的负影响及其损害影响研究。

温排水的影响，主要体现在对水生生物种类组成、数量分布与消长规律、群落结构与生物多样性、生物基因的遗传表达以及生态灾害（如赤潮）等方面。很多学者在温排水对海洋生物生态影响方面做了研究，其主要集中在原生动物、浮游植物、浮游动物、底栖生物和养殖业等方面。

对原生动物的影响。研究表明原生动物群落的结构和功能以 30℃为最佳，继续增温将使群落结构变简单，功能下降（金琼贝，1988）。

对浮游植物的影响。热冲击、加氯均显著影响浮游植物细胞数量的恢复，加氯的影响最大，季节次之，热冲击影响最小，但热冲击增强了氯对浮游植物的毒性（江志兵等，2008）。电厂温排水中的余氯是损害浮游植物的主要因素，而温排水的热冲击对浮游植物的影响不大（Hamilton et al.，1970）。0.2mg/L 的氯可以直接杀死冷却水中 60%～80%的藻类（Langford，1988）。不同水质条件下，氯对浮游植物的影响程度不一，当海水中总颗粒物和溶解有机碳占比例较高时，则同样浓度的氯对浮游植物的影响较小，因为大量氯主要被前者所消耗。有室内模拟实验表明，滨海电厂浓度为 1～2mg/L 的加氯处理对浮游植物影响较大，但温升 8～12℃的热冲击对浮游植物影响不大（江志兵等，2009）。

大亚湾核电站运行后，大鹏澳区域平均水温上升约 0.4℃，浮游植物种群结构明显变化，首先是种类数量显著减少，其次是秋末至冬初细胞数量显著升高，就种群组成而言，甲藻与暖水性种类的数量有增多的趋势，从而造成了群落组成的小型化趋向（刘胜等，2006；杨清良，1991）。

对浮游动物的影响。浮游动物虽是水生生态系统的重要组成部分，但目前对浮游动物受氯的影响的研究报道不多，浮游动物对氯较敏感，较低浓度的氯即可对浮游动物产生明显的影响；浮游动物受氯连续暴露影响的浓度低于间歇暴露的浓度（曾江宁等，2005）。有模拟实验表明，浮游动物中中华哲水蚤对余氯的忍受能力随 ΔT 的升高而增大、随驯化温度的升高而减弱（江志兵等，2008），另有研究结果表明温排水对浮游动物死亡率影响不显著，热作用不是浮游动物死亡的主要原因（Marlene et al.，1986）；杨宇峰等研究表明温排水使得浮游动物群落结构发生了改变，群落组成有小型化趋势（Yang et al.，2002）；也有学者认为温排水对排水口附近活动能力强、质量大的浮游动物种类的分布有较大影响，对活动能力弱的中、小型浮游动物种类的分布影响较小（徐晓群等，2008）；温排水受热水体浮游动物多样性指数高于对照水体，高温季节的大幅度增温降低了浮游动物群落结构的复合性（金琼贝等，1989），生物多样性及群落结构聚类分析均表明，电厂温排水对浮游动物群落的群落结构和生物多样性有明显影响。

对底栖生物的影响。底栖生物长期栖息在水底底质表面或底质的浅层中，它们相对固定不太活动，迁移能力弱，因而在受到热排放冲击的情况下很难回避，容易受到不利影响，主要反映为底栖生物在强增温区的消失，说明热排放会造成底栖动物栖息场所的减少。对连云港核电站周围海域大型底栖生物的研究表明，底栖生物种类数在核电站运行后有所减少，优势种组成结构发生了较大变化，并且底栖生物的生物量大大减少（陈斌林等，2007）。

对养殖业的影响。余氯对养殖品种（如鱼类和贝类）也有很大的影响，余氯对鱼鳃有损伤作用，使鱼鳃组织发生病变，如组织增生、上皮组织脱离、鳃中积累大量黏液、生成动脉瘤等，从而影响并阻碍鱼鳃与水中溶解氧的交换，余氯也可能会通过鱼鳃组织渗入血液中，把血液中能挟带氧的还原性血红蛋白氧化成不能挟带氧的正铁血红蛋白，还可能抑制正铁血红蛋白还原性酶的活性，从而导致血液运载氧的能力下降。并且温排水区域鱼卵仔鱼种类组成也会发生一定改变（林昭进和詹海刚，2000），有可能造成鱼发育成畸形。余氯可造成贝类滤食率、足活动频率、外壳开闭频率、耗氧量、足丝分泌量、排粪量等亚致死参数的降低，从而使贝类失去附着能力。Masilamoni 等（2002）等认为余氯对贝类致毒的机理可能为：①氯直接对贝类鳃上皮细胞造成伤害；②由氯造成的氧化作用破坏贝类呼吸膜，导致其体内缺氧，窒息而死；③氯直接参加贝类酶系统的氧化作用。

6.3.2　评估内容

温排水进入水体后，对水质、海洋生物乃至海洋生态系统均产生了不同程度的影响，从受影响的直接和间接对象入手，损害评估的内容主要包括 4 项，分别为：水环境污染损害评估、渔业资源污染损害评估、生物资源污染损害评估、生态系统服务污染损害评估。

6.3.3 评估指标体系构建

1. 评估指标选择原则

如前面所述，温排水造成的生态环境损害除了废热排放引起的热污染以外，还包括循环冷却水卷载机械作用对海洋生物的损害以及冷却水中所含有的余氯对水质的影响。

据大量的文献资料、项目研究实验和现场调查结果表明，余氯对海洋生态损害范围处于温升的影响范围之内，余氯对海洋生物的安全阈值较高，为 0.2mg/L，而滨海电厂温排水实际的余氯含量水平较低，加之余氯对海洋的生态损害评估尚在研究探讨中，因此本书重点探讨温排水温升、机械卷载对海洋生态环境及海洋生态系统的影响。

在滨海电厂温排水生态污染损害评估指标选择上以温升和机械卷载的生态损害评估为依据。在对每项评估内容分析的基础上，选择不同的指标用以评估污染损害。

2. 评估指标的筛选

在温度变化直接或间接影响的水环境、渔业资源、生物资源和生态系统服务 4 项内容中，各有不同的评估指标。例如，水环境污染损害评估中，水质数据有 pH、溶解氧、化学需氧量、温度等；化学元素有余氯、水体总氮、水体总磷、水体中各金属离子等，即仅仅考虑由于电厂温排水而导致的水体、生态圈及生态环境变化而引起的污染损害。

（1）水环境评估指标

指标有 pH、溶解氧、化学需氧量、余氯、营养盐、硫化物、重金属等，即仅仅考虑由于电厂温排水而导致的水体生态环境变化而引起的污染损害。

COD_{Mn}：高锰酸钾化学需氧量。利用化学氧化剂（高锰酸钾）将水中可氧化物质（如有机物等）氧化分解，根据残留的氧化剂可计算出氧的消耗量。温排水影响的区域，水生动植物由于不适而部分死亡，水体中有机物含量增加，化学需氧量也相应增加。故此指标可以间接监测水体受温排水的影响程度。

pH：水体 pH。温排水导致水体部分生物死亡，水体酸碱度改变，此指标也为温排水所主要影响的指标之一。

溶解氧：根据海上围隔实验，水温变化影响水体溶解氧的含量，而溶解氧偏低则会直接导致水生生物的死亡，对生态环境带来影响，因此设立这一指标，甄别水体是否对于水生生物的生存造成影响。

温度：水体的温度。该指标是温排水直接导致的影响之一，温度变化导致水环境中各个指标的浮动，从而对于生态环境产生一系列的影响。

（2）渔业资源评估指标

在渔业资源一项，为避免与后面提到的生物资源重复，故不单纯考虑水生生物因素，而是考虑渔民的渔获捕捞所获得的养殖收入，故在渔业资源生态损害评估中，设立养殖减少量和捕捞减少量两个指标。

（3）生物资源评估指标

在生物资源一项中，考虑受温排水影响而导致的水体温度升高、溶解氧含量变化、水质恶化等因素影响的水生生物资源，包括浮游植物、浮游动物、鱼卵仔鱼、成体鱼虾蟹等指标，另外由于温排水取水造成的卷载作用所导致的生物量损失也划为生物资源生态损害评估，故需添加这一指标（表 6-1）。

表 6-1　海洋生物资源评估指标体系

序号	影响因素	评估指标
1	温升	底栖生物
2	温升	鱼卵仔鱼
3	卷载作用	鱼卵仔鱼
4	温升	浮游植物
5	温升	浮游动物

（4）生态系统服务评估指标

国外科学家 Costanza 在研究中得出，生态系统服务功能生态补偿包括大气循环、水循环等 17 项指标。在滨海电厂温排水生态损害评估与补偿过程中，仅考虑生产服务、调节服务、支持服务、休闲娱乐服务等指标（表 6-2）。

表 6-2　海洋生态系统服务评估指标体系

序号	服务类型	评估指标
1	生产服务	食物生产
		水资源供给
2	调节服务	大气调节
		干扰调节
		水分调节
		废物处理
		生物控制
3	支持服务	营养循环
		避难所
		原材料
4	休闲娱乐服务	娱乐
		文化

6.3.4　评估值参数依据

温排水造成的海水温度升高程度与范围存在差异，根据温排水的温升影响范围、海水水质标准（GB 3097—1997）、海洋监测规范（GB 17378.7—2007）、海洋调查规范（GB 12763）以及吴健等（2006）关于热排放对水生生态系统的影响及其缓解对策研究，本书规定温升 2℃会对海洋生态系统造成影响。

本书中，根据杨红等（2011）滨海电厂温排水对浮游植物影响的围隔实验研究，平均温升 0.8℃会对浮游植物产生损害，温升 0.4℃的损失率为 26%，本书取温升 1℃为浮游植物温升影响包络线范围。

本书中对于温升影响面积的统计，推荐用 ArcGIS、Surface 等图形软件进行统计，也可利用近似三角取值法。

本书根据电厂实测数据的评估结果，给出温排水污染损害监测评估方法相关参数的取值范围（表 6-3）。

表 6-3　评估参数参考值一览表

评估参数	含义	取值	参考出处
l_1	温排水造成鱼卵仔鱼的损失率	80%～100%	徐兆礼等（2007）
l_2	卷载作用造成鱼卵仔鱼的损失率	50%～70%	—
L_3	温排水造成浮游植物的损失率	5%～15%	杨红等（2011）
m	鱼卵仔鱼长成成鱼的平均重量	0.25kg/个	实验调查
w	鱼卵仔鱼长成成鱼的存活比例	0.05%～0.15%	叶金聪（1997）
P_2	成鱼的商品价格	0.002 万元/kg	市场调查
P_4	浮游动物作为鱼类育苗开口饵料的商品价格	0.024 万～0.03 万元/kg	市场调查

6.3.5　生态损害价值评估方法

根据生态经济学、环境经济学和资源经济学的研究成果，滨海电厂温排水生态损害价值的评估方法主要为：直接市场法，包括生产效益法和市场价值法；替代市场法；模拟市场法，如条件价值法。其中，生产效益法主要用于直接使用价值的计算，市场价值法主要用于间接使用价值的计算，而条件价值法则用于非使用价值的计算。

滨海电厂温排水对海洋生态系统的损害较多，可用于损害价值评估的要素较多，本小节主要从海洋生物资源损害价值评估和海洋生态系统服务损害价值评估进行方法探讨。

1. 海洋生物资源损害价值评估

海洋生物资源损害价值评估主要考虑电厂温排水对海洋生物资源影响的主要因子，包括底栖生物损害（B_1）、温升对鱼卵仔鱼损害（B_2）、电厂卷载作用对鱼卵仔鱼的损害（B_3）、温升对浮游植物损害（B_4）和温升对浮游动物损害（B_5）5 个方面，具体的损害价值评估计算公式如下：

$$B = \sum B_i K_i \quad (i = 1, 2, 3, 4, 5) \tag{6-1}$$

式中，B 为海洋生物资源损害评估总价值（万元）；B_1 为潮间带底栖生物损害评估价值（万元）；B_2 为温升对鱼卵仔鱼损害评估价值（万元）；B_3 为电厂排水口卷载作用对鱼卵仔鱼损害评估价值（万元）；B_4 为温升对浮游植物损害评估价值（万元）；B_5 为温升对浮游动物损害评估价值（万元）；K_i 为综合考虑 i 类生物的损失状况，为了科学评估而赋予的计算系数。

（1）温升对底栖生物损害

电厂温排水对于海洋生态系统造成了巨大的影响，改变了排水口区域潮间带和潮下带的底栖生物生存环境。针对温排水导致大型底栖动物损害价值进行评估，评估时间以 1 年为单位进行计算，计算公式如下：

$$B_1 = K_1 \times q \times S_1 \times P_1 \tag{6-2}$$

式中，B_1 为大型底栖动物损害价值（万元）；q 为电厂温排水温升 2℃影响区域内底栖动物生物量（kg/m²）；S_1 为电厂温排水超过 2℃温升影响区域的年度平均面积（m²）；P_1 为底栖动物的单位价格（万元/kg），按主要经济种类当地当年的市场平均价计算（如当年统计资料尚未发布，可按上年度统计资料计算）；K_1 为综合考虑底栖生物的损失状况，为了科学评估而赋予的计算系数。

（2）温升对鱼卵仔鱼损害

电厂温排水造成海水水质环境变化，改变了鱼卵仔鱼的生存环境，导致电厂区域鱼卵仔鱼死亡或减少。电厂温排水导致的鱼卵仔鱼损害价值以损害的鱼卵和仔鱼长成成鱼的价值来表示，分别对鱼卵和仔鱼的损害价值进行评估，评估时间以 1 年为单位进行计算，具体的计算公式如下：

$$B_2 = k \times S_1 \times H \times l_1 \times m \times w \times P_2 \times K_2 \tag{6-3}$$

式中，B_2 为电厂温排水温升造成的鱼卵仔鱼损害价值（万元）；k 为电厂温排水 2℃区域鱼卵仔鱼的密度（个/m³）；S_1 为电厂温排水超过 2℃温升影响区域的年度平均面积（m²）；H 为电厂温排水超过 2℃温升区域内的平均水深（m）；l_1 为温升造成鱼卵仔鱼的损失率（%）；m 为鱼卵仔鱼长成成鱼的平均重量（kg/个）；w 为鱼卵仔鱼长成成鱼的存活比例（%）；P_2 为成鱼的商品价格（万元/kg），以当地市场价格为准；K_2 为综合考虑温升对鱼卵仔鱼的损失状况，为了科学评估而赋予的计算系数。

（3）卷载作用对鱼卵仔鱼的损害

利用电厂进出水管道使发电机组冷却，海水的温度被提升，此过程中鱼卵仔鱼因电厂的卷载作用而死亡。卷载作用对鱼卵仔鱼的损害价值以损害的鱼卵仔鱼长成成鱼的价值来表示，具体的计算公式如下：

$$B_3 = v \times t \times k \times l_2 \times m \times w \times P_2 \times K_3 \tag{6-4}$$

式中，B_3 为卷载作用造成的鱼卵仔鱼的损害价值（万元）；v 为电厂排水口的温排水流速（m/s）；t 为电厂年运营时间（s）；k 为电厂取水口区域鱼卵仔鱼的密度（个/m³）；l_2 为卷载作用造成的鱼卵仔鱼损失率（%）；m 为鱼卵仔鱼长成成鱼的平均重量（kg/个）；w 为鱼卵仔鱼长成成鱼的存活比例（%）；P_2 为成鱼的商品价格（万元/kg），以当地市场价格为准；K_3 为综合考虑卷载作用引起的鱼卵仔鱼损失状况，为了科学评估而赋予的计算系数。

（4）温升对浮游植物的损害

电厂温排水温升导致海水中浮游植物的生存环境改变，部分浮游植物出现死亡。本书以浮游植物叶绿素 a 的初级生产力来表示浮游植物的数量，利用瑞典政府颁布的碳税

率来确定温升对浮游植物的年损害价值,具体的计算公式如下:

$$B_4 = 365 \times I \times \text{Chla} \times D \times Z \times S_2 \times l_3 \times P_3 \times 1000 / 2 \times K_4 \qquad (6\text{-}5)$$

式中,B_4 为温升导致的浮游植物损害价值(万元);I 为海域生产力系数,取 1.24mgC·mg/(Chla·h);Chla 为水体中叶绿素 a 含量(mg/L);D 为白昼长短,取 12h;Z 为真光层深度,取平均透明度的 3 倍;S_2 为电厂温排水超过 1℃温升影响区域的年度平均面积(m²);l_3 为温排水造成浮游植物的损失率(%);P_3 为碳税率价格(万元/t),以瑞典政府规定的取 150 美元/t、人民币汇率按评估年份汇率折算;K_4 为综合考虑温升对浮游植物的损失状况,为了科学评估而赋予的计算系数。

(5)温升对浮游动物的损害

电厂温排水温升导致海水中浮游动物的生存环境、饵料等改变,部分浮游动物出现死亡。本书假设浮游动物以均匀分布为前提,以转为饵料的价钱来表示浮游动物的损失价值。评估时间以 1 年为单位进行计算,具体的计算公式如下:

$$B_5 = M \times S_1 \times H \times l_5 \times P_4 \times K_5 \qquad (6\text{-}6)$$

式中,B_5 为温升导致的浮游动物损害价值(万元);M 为浮游动物生物量(kg/m³);S_1 为电厂温排水超过 2℃温升区域的年度平均面积(m²);H 为电厂温排水超过 2℃温升区域内的平均水深(m);l_5 为温排水造成浮游动物的损失率(%);P_4 为浮游动物作为鱼类育苗开口饵料的商品价格(万元/kg),以当地市场实际价格为准;K_5 为综合考虑温升对浮游动物的损失状况,为了科学评估而赋予的计算系数。

2. 海洋生态系统服务损害价值评估

海洋生态损害导致了海洋生态系统服务价值损失,根据国内外生态系统服务价值理论及应用研究的范例,特制定适合我国滨海电厂温排水对海洋生态系统服务造成损害的价值评估体系。温排水生态损害导致的海洋生态系统服务价值损失主要包括 4 个部分:生产服务(E_1)、调节服务(E_2)、支持服务(E_3)和休闲娱乐服务(E_4)(魏超等,2013)。

海洋生态系统服务总价值的计算公式如下:

$$E = \sum E_i K_i \quad (i = 1, 2, 3, 4) \qquad (6\text{-}7)$$

式中,E 为海洋生态系统服务总价值(万元);E_1 为生产服务价值(万元);E_2 为调节服务价值(万元);E_3 为支持服务价值(万元);E_4 为休闲娱乐服务价值(万元);K_i 为综合考虑损失状况,为了科学评估而赋予的计算系数。

海洋生态系统服务价值评估指标价值的计算公式如下:

$$E_i = \sum_{p=1}^{n} m_p \times S \qquad (6\text{-}8)$$

式中,E_i 为生态系统服务第 i 种服务类型的价值(万元),$i = 1, 2, 3, 4$;m_p 为第 p 种评估指标的单位价值[万元/(hm²·a)],以 1 年为统计单元,指标的年平均价值见表 6-4;S 为电厂温排水超过 1℃温升影响的年度平均面积(hm²)。

表 6-4　不同类型海洋生态系统的平均价值　　[单位：万元/（hm²·a）]

评估指标	生态系统类型					
	河口和海湾	海草床	珊瑚礁	大陆架	潮滩	红树林
食物生产	0.0521		0.022	0.0068		
气体调节					0.1091	
干扰调节	0.4649		2.255		3.722	1.508
水调节					0.0123	
水资源供给					3.116	
营养循环	17.302	15.5816		1.1734		
废物处理			0.0476		3.4251	5.4907
生物控制	0.064		0.0041	0.032		
栖息地	0.1074				0.2493	0.1386
原材料	0.0205	0.0016	0.0221	0.0016	0.0869	0.1328
娱乐	0.3124		2.4666		0.4707	0.5396
文化	0.0238		0.0008	0.0574	0.7224	

（1）生产服务

生产服务主要为食物生产和水资源供给，其中由于温排水导致的海水温度升高会影响到饵料生物的数量，从而对于食物链及生物的食物组成产生影响。滨海电厂温排水生态系统服务评估指标体系中生产服务包括食物生产和水资源供给，各项指标的价值利用式（6-8）计算，指标的单位价值见表 6-4。

（2）调节服务

调节服务由气体调节、干扰调节、水调节、废物处理、生物控制组成，其中主要指对大气、水交换的影响。滨海电厂温排水生态系统服务评估指标体系中调节服务包括气体调节、水调节、干扰调节、废物处理和生物控制，各项指标的价值利用式（6-8）计算，指标的单位价值见表 6-4。

（3）支持服务

支持服务主要包括营养循环、栖息地、原材料，主要指对于生态系统稳定起到支持作用的一系列过程。滨海电厂温排水生态系统服务评估指标体系中支持服务包括营养循环、栖息地和原材料，各项指标的价值利用式（6-8）计算，指标的单位价值见表 6-4。

（4）休闲娱乐服务

休闲娱乐服务主要包括娱乐和文化服务，其中对该区域可能产生的娱乐及文化休闲价值进行评估。滨海电厂温排水生态系统服务评估指标体系中文化休闲服务包括娱乐和文化，各项指标的价值利用式（6-8）计算，指标的单位价值见表 6-4。

6.4　温排水海洋生态损害评估系统开发

为了科学有效地开展海洋生态损害评估，充分考虑电厂温排水海洋生态损害的特殊性，针对基础数据库的架构组成及其特征，开发生态损害评估系统。系统主要分为数据上传、查询、修改、统计、数据维护和注销六部分。滨海电厂温排水污染损害监测评估系统的构建是基于 ArcGIS 平台，采用客户机/服务器（client/server，C/S）模式进行组织，将数据放在数据服务器端进行管理，极少部分事务逻辑在客户端（client）实现，主要事务逻辑在服务端（server）实现。该系统针对滨海电厂管理与运作部门，使用基于桌面窗口应用程序完成各项业务工作和事务。系统为滨海电厂利益相关者提供所有的地理信息服务、数据管理服务、专题图查询、数据统计服务、模型计算和污染综合管理服务等，各种服务不仅可为用户提供服务，也可相互调用服务。同时还具备信息浏览查询、信息更新、信息发布、信息分析、信息统计、辅助决策等各种业务功能。

6.4.1 专题数据库设计

1. 基础数据库管理系统数据库架构

数据库管理系统包纳了 13 项基础数据库，如水文气象、水质要素、沉积物、放射物、浮游植物、浮游动物、海洋浮标等（图 6-1）。

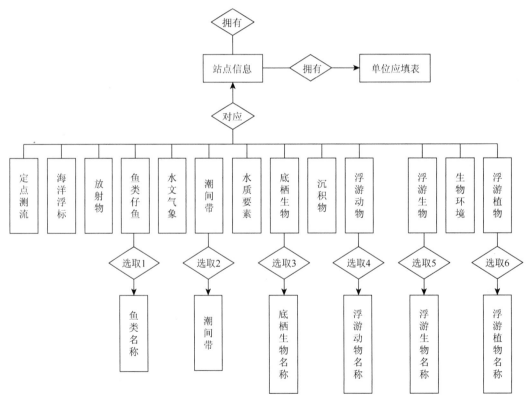

图 6-1 滨海电厂温排水基础数据库管理系统数据库架构

2. 基础数据库管理系统功能、结构设计

基础数据库管理系统主要分为数据上传、查询、修改、统计、维护和注销六部分。在数据上传中，用户可以选择相应的文件夹或者是单独的文件进行数据的上传；在数据查询中，用户可以通过选择类别、所属期、单位和站位进行相应数据的查询；在数据修改中，用户可以通过选择所属期、单位名称、类别和所属站位对所查询到的数据进行相应的修改；在数据统计中，用户可以选择表类别查询到各表在各项的统计数据；在数据维护中，用户可以选择数据表，对其中的各项进行相应的修改（图 6-2，图 6-3）。

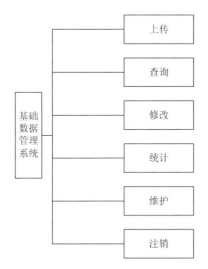

图 6-2　滨海电厂温排水基础数据库系统功能示意图 1

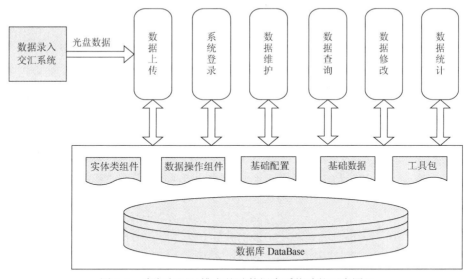

图 6-3　滨海电厂温排水基础数据库系统功能示意图 2

3. 专题数据库设计

基于 GIS 的滨海电厂温排水监测评估系统数据库是系统建设的基础，是保证系统能够正常运行的关键。根据系统建设的目的和功能的需求，系统的数据库分为基础数据库、地理数据库和监测数据库。目前监测数据库和地理数据库是有限的，所以系统选择 Microsoft Access 数据库作为系统数据库平台。如果系统在运行中不断升级，数据量不断增加，可以将 Microsoft Access 数据库移植到 SQL Server 或 Oracle 数据库中。

（1）地理数据

地理数据是滨海电厂污染损害评估系统的重要数据类型（表 6-5），也是构成整个系统的基础。这些基础地理数据包括象山港所在地区的行政区划图、道路图、河流水系分布图、海水图层、居民点分布图、重要地物分布图等地理基本信息和电厂分布图的相关数据。以象山港电厂各类基础专题信息为例，见表 6-5。

表 6-5　基础数据列表

地图数据名称	类型	说明
行政区划图	面图层	2010 年宁波行政区划图数字化
道路图	线图层	2010 年宁波地形图数字化
河流水系分布图	线图层	2010 年宁波地形图数字化
海水图层	面图层	2010 年宁波行政区划图数字化
居民点分布图	点图层	2010 年宁波行政区划图数字化
重要地物分布图	点图层	2010 年宁波行政区划图数字化
电厂分布图	面图层	象山港国华宁海电厂规划图数字化

（2）文档数据

本系统基础数据库中的文档数据主要是温排水污染监测的相关报告、论文和表格文档，并且包含电厂污染的处理预案和国家关于温排水排放的水质标准。这些数据是整个系统评估的重要数据类型，也是建立温排水评估知识库和温排水污染处置的基础，包括 CAJ 格式、DOC 格式、PDF 格式、XLS 格式和 TXT 格式等不同类型的文档数据。

文档数据是系统知识库的基础，同时为系统提供了小规模的研究论文库，可以供用户查阅有关电厂温排水的研究现状、国家标准和污染处置的各种方案。

（3）遥感数据

遥感数据是损害评估系统的一个重要数据组成部分，也是组成地理数据库的基础，遥感原始图像、监督分类结果和遥感反演结果共同组成地理数据库（表 6-6）。本系统选用 TM 遥感图像作为研究数据，利用遥感图像监督分类得到象山港电厂周围地物类型的分布，结合遥感反演方法得到温度的分布范围。这些数据是本系统的分析重点，通过遥感图形可以得到地物类型的面积变化，同时也可以得到温度的分布范围。通过遥感图像的分析结果可以判断出电厂对于周围生态系统的影响范围，也可以分析温排水对于海水不同温升程度的影响范围。

表 6-6　地理数据库列表

遥感数据名称	类型	说明
TM 遥感图像	TIFF 格式	象山港电厂地区 2006 年 2 月、2007 年 5 月和 2008 年 10 月的遥感图像
监督分类结果	Shp 格式	TM 图像林地、水体、海洋、耕地、建筑和湿地六类地物
遥感反演结果	Img 格式	

（4）监测数据

监测数据是本系统应用的重点，也是系统处理分析的主要对象，系统通过分析监测数据来判断温排水对于海水的污染程度。鉴于温排水监测数据的安全性因素，监测数据单独建立监测数据库。为了保证整个系统监测数据的准确性，在监测数据库建立之初规定了监测数据库的数据格式、监测内容、监测单位、监测数据、监测位置等信息（表 6-7）。

表 6-7　监测数据格式列表

字段名	字段类型	字段长度	是否为空	注释
站号	数值型	4	否	监测站位编号
序列号	数值型	4	否	具体监测采样次数编号
监测时间	日期型	8	否	具体监测年月日
经纬度	文本型	50	否	监测点经纬度坐标值
采样深度	数值型	4	否	监测采样深度
溶解氧	数值型	8	否	单位：mg/L
表层温度	数值型	4	否	单位：℃
采样层温度	数值型	4	否	单位：℃
余氯	数值型	4	否	单位：℃
化学需氧量	数值型	4	否	单位：mg/L
叶绿素 a	数值型	4	否	单位：μg/L
硫化物	数值型	4	否	单位：mg/L
监测单位	文本型	50	否	监测单位名称

6.4.2　数据库接口设计

1. 外部接口设计

该系统通过可视化界面实现外部数据查询、管理。

2. 内部接口设计

web.xml 结构：

```
<servlet>
<servlet-name>ConditionServlet</servlet-name>
<servlet-class>com.smu.servlet.ConditionServlet</servlet-class>
</servlet>
<servlet-mapping>
<servlet-name>ConditionServlet</servlet-name>
<url-pattern>/ConditionServlet</url-pattern>
</servlet-mapping>
```

如上：servlet-name 是由自己起的，servlet-class 是类的具体路径。当在页面上以 ConditionServlet 访问时，即可执行后台程序。

6.4.3　监测评估系统开发

1. 软件系统总体设计

（1）总体框架

滨海电厂温排水污染损害监测评估系统的构建是基于 ArcGIS 平台，采用客户机/服务器（client/server，C/S）模式进行组织，将数据放在数据服务器端进行管理，极少部分事务逻辑在客户端（client）实现，主要事务逻辑在服务端（server）实现，系统总体框架结构，如图 6-4 所示。

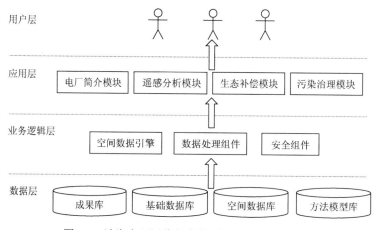

图 6-4　滨海电厂污染损害监测评估系统总体框架

该系统针对滨海电厂管理与运作部门，使用基于桌面窗口应用程序完成各项业务工作和事务。系统为滨海电厂利益相关者提供所有的地理信息服务、数据管理服务、专题图查询、数据统计服务、模型计算和污染综合管理服务等，各种服务不仅可为用户提供服务，也可相互调用服务。同时还具备信息浏览查询、信息更新、信息发布、信息分析、信息统计、辅助决策等各种业务功能。

根据系统总体框架结构（图 6-4），整个系统可分为四个层次：数据层、业务逻辑层、应用层与用户层。数据层包括基础数据库、空间数据库、方法模型库与成果库，基础数据库和空间数据库为开展滨海电厂温排水污染损害评估提供数据支持，方法模型库存有污染评估与生态补偿评价的公式模型，成果库存有各种评估结果的图表。业务逻辑层包括空间数据引擎、数据处理组件和安全组件，空间数据通过空间数据引擎统一存放在关系型数据库中，并将数据处理、系统安全以及一系列定制的业务逻辑封装成组件，大大提高了系统的安全性、伸缩性和可移植性。应用层包括电厂简介模块、遥感分析模块、生态补偿模块和污染治理模块，为用户提供研究区滨海电厂情况简介查询、遥感图像监督分类和反演结果的查询与分析、滨海电厂区域生态系统补偿价值的评估和污染治理方案的提出等功能，实现对滨海电厂温排水的动态监测评估与管理。

　　基于 GIS 的滨海电厂污染损害监测评估系统是将 GIS、生态评估和生态补偿等技术应用于滨海电厂区域的生态管理中，其主要逻辑过程包括电厂历史数据分析、遥感数据分析、监测数据评估、污染等级划分、生态补偿评价和污染治理方案确定等。本书中滨海电厂污染损害指电厂排放的冷却水不能达到国家或相关标准而造成的电厂区域生态系统破坏，利用本系统经过遥感分析和监测评估后，结合生态补偿技术，实现对电厂温排水的调控和生态补偿，最后制定滨海电厂温排水污染治理方案。具体的评估逻辑结构，如图 6-5 所示。

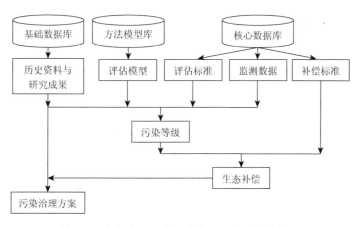

图 6-5　滨海电厂污染损害监测评估逻辑结构图

（2）体系结构

　　滨海火/核电厂污染损害监测评估系统可以分为"两个平台"和"三个保障体系"两大部分（图 6-6）。

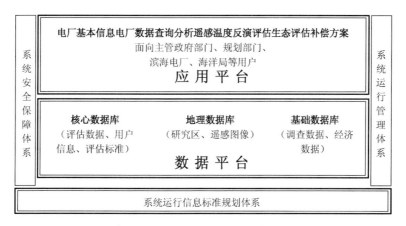

图 6-6　滨海电厂污染损害监测评估系统总体框架图

　　"两个平台"指的是数据平台和应用平台。数据平台包括主要用于数据的存储、处理和判别，包括核心数据库和基础数据库两个部分。在核心数据库中存储的是与系统业务功能密切相关的信息，存储的也是系统的操作对象，包含温排水、余氯、核素等国家标准，对滨海火/核电厂的数据进行动态检测；基础数据库是系统信息显示的载体，是系统分析的基础，包括滨海火/核电厂地形、地貌、气象及人文等信息和电厂污染的相关数据，是建立用户操作界面及属性数据的基础。以应用示范区的研究成果建立基础数据库，可以为预警分析提供基础。应用平台是系统搭建于数据平台之上，它可为面向环境影响评估系统的管理者、用户、检测员提供可视化操作，具有提供灾害预测、用户管理和灾害预警等基本功能。

"三个保障体系"包括系统安全保障体系、系统运行管理体系和系统运行信息标准规划体系。系统安全保障体系是系统运行的基础，主要针对数据的安全性、容错性，既能保证开发的软件系统在运行平台上正常使用，也能保证系统运行的所有数据不轻易丢失；系统运行管理体系是系统运行的调控，能够协调不同模块之间的数据传输与协作，管理评估系统与运行平台之间数据通信，实现软件系统的多平台运作；系统运行信息标准规划体系是系统运行的关键，该体系规定了系统运行过程中数据、文件、信息等标准，保证系统在运行过程中不会出错。

如图 6-7 所示，用户可以对系统的主要模块功能进行操作，他们拥有获取三个数据库中数据的权限。用户进入系统后，可以通过 GIS 功能模块对研究区概况和遥感图像分析两个模块进行操作，查看有关研究示范区的基本信息；通过对生态补偿评估、示范区研究数据分析操作，系统可以按照用户要求得到相应的评估结果。滨海火/核电厂通过对系统管理模块与环境治理模块进行操作，可实现对评估过程的数据进行管理，从而实现对评估结果的及时纠错。

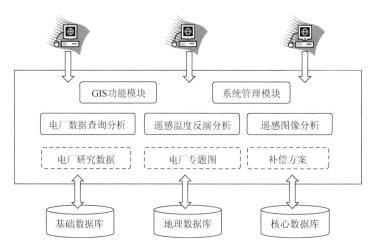

图 6-7　滨海电厂污染损害监测评估系统体系结构图

（3）技术路线

在技术上，该系统采用标准三层体系结构，引入面向角色的用户管理和实体对象关系模型等概念，用户端界面采用面向对象的 Microsoft Visual Studio 2008 基于 ArcGIS

Engine9.3 组件开发，空间数据、属性数据及控制数据存储于 Access 企业级数据库和 File database 地理数据库中分别管理，通过空间数据库引擎 ArcSDE 进行访问，保证系统的高效和分布部署。

系统分析设计采用结构化、面向对象方法分析和设计，进行软件构件化封装，形成小粒度、抽象化、独立的功能模块，使系统的定义更灵活。系统中引入实体对象模型，使得关系型数据表格具备对象展现的能力，并可以通过实体配置工具进行配置。

采用关系数据库技术，建立滨海火/核电厂污染损害检测评估系统数据库，通过 ArcSDE 空间数据库引擎架构空间数据库，实现系统的同时调用和不同数据类型之间交换。系统数据流程，如图 6-8 所示。

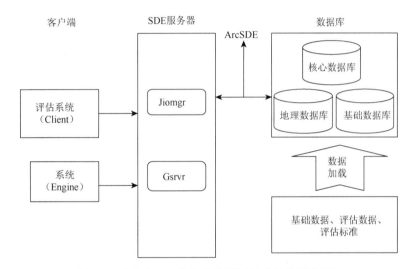

图 6-8　滨海电厂污染损害监测评估系统数据流程图

系统可对资源进行严格管理，并结合系统运行的客户类型进行数据安全性管理，对某些重要数据可进行个案加密。

2. 软件系统数据库设计

滨海火/核电厂污染损害监测评估系统的数据库是基于 Access 企业数据库和 Filedatabase 地理数据库构件，根据数据类型的不同分别建立的数据类型。

（1）字典库

建立字典库，用于保障系统数据的准确性，特别是行政区划名称、产业类型名称等，字典库的建立有利于数据的统计和分析（表 6-8）。

表 6-8　字典表结构

序号	字段	别名	类型	长度	备注
1	DM	代码	Varchar	2	
2	MC	名称	Nvarchar	10	

（2）评估数据库

评估所需的社会调查数据、遥感野外调查数据、生态服务评估信息、生态渔业资源评估信息、水污染信息、地理数据信息等数据要求，见表 6-9～表 6-14。

表 6-9　社会调查数据信息表

序号	别名	类型	长度	备注
1	编号	Int	4	主键（标识、自增）
2	时间	Datetime	8	精确到分
3	经度	Numeric	9	保留 4 位小数
4	纬度	Numeric	9	保留 4 位小数
5	省	Varchar	2	字典（D_District）
6	市	Varchar	2	字典（D_District）
7	县	Varchar	2	字典（D_District）
8	数据类型名	Nvarchar	30	
9	提供单位	Nvarchar	50	
10	经济状况	Varchar	2	
11	产业状况	Varchar	2	

表 6-10　遥感野外调查信息表

序号	别名	类型	长度	备注
1	编号	Int	4	主键（标识、自增）
2	时间	Datetime	8	精确到分
3	经度	Numeric	9	保留 4 位小数
4	纬度	Numeric	9	保留 4 位小数
5	省	Varchar	2	字典（D_District）
6	市	Varchar	2	字典（D_District）
7	县	Varchar	2	字典（D_District）
8	地物类型	Nvarchar	10	
9	植被类型	Nvarchar	30	
10	利用方式	Nvarchar	30	
11	其他	Nvarchar	50	
12	标志地物名	Nvarchar	30	
13	标志地物信息	Nvarchar	30	
14	备注	Nvarchar	50	

表 6-11　生态服务评估信息表

序号	别名	类型	长度	备注
1	编号	Int	4	主键（标识、自增）
2	人文景观	Double	8	精确到小数点后 1 位
3	生境损害	Double	8	精确到小数点后 1 位
4	休闲旅游	Double	8	精确到小数点后 1 位
5	生物生产	Double	8	精确到小数点后 1 位
6	人工费用	Double	8	精确到小数点后 1 位
7	材料费用	Double	8	精确到小数点后 1 位

表 6-12　生物渔业资源评估信息表

序号	别名	类型	长度	备注
1	编号	Int	4	主键（标识、自增）
2	鱼卵仔鱼	Double	8	精确到小数点后 3 位
3	鱼虾贝类	Double	8	精确到小数点后 3 位
4	浮游植物	Double	8	精确到小数点后 3 位
5	浮游动物	Double	8	精确到小数点后 3 位
6	卷载作用	Double	8	精确到小数点后 3 位
7	沙滩生物	Double	8	精确到小数点后 3 位
8	渔业捕捞	Double	8	精确到小数点后 3 位
9	渔业养殖	Double	8	精确到小数点后 3 位

表 6-13　水污染信息表

序号	别名	类型	长度	备注
1	编号	Int	4	主键（标识、自增）
2	温度	Double	8	精确到小数点后 3 位
3	COD_{Mn}	Double	8	精确到小数点后 3 位
4	磷	Double	8	精确到小数点后 3 位
5	溶解氧	Double	8	精确到小数点后 3 位
6	氮	Double	8	精确到小数点后 3 位
7	氯	Double	8	精确到小数点后 3 位

表 6-14　地理数据信息表

序号	别名	类型	长度	备注
1	编号	Int	4	主键（标识、自增）
2	经度	Numeric	9	保留 4 位小数
3	纬度	Numeric	9	保留 4 位小数
4	省	Varchar	2	字典（D_District）
5	市	Varchar	2	字典（D_District）
6	县	Varchar	2	字典（D_District）
7	数据类型	Type		
8	数据时间	Datetime	8	精确到分
9	备注	Nvarchar	50	

3. 软件系统功能设计

（1）总体功能设计

滨海火/核电厂污染损害监测评估系统是以滨海火/核电厂生态补偿评估为核心，系统通过 GIS 技术，整合遥感数据、社会调查数据和国家有关法规，分析制作了滨海火/核电厂污染损害监测评估系统，为滨海区域地方政府、规划部门、海洋渔业部门、科研工作者等提供滨海电厂评估与决策产品，在指导滨海区域经济发展、产业布局调整、生态系统健康评价、电厂规划、环境保护利用等方面发挥积极作用，指导地区经济快速发展和生态系统长期稳定平衡。系统的功能体系结构图，如图6-9所示。

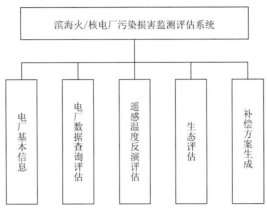

图6-9 系统功能体系结构图

如图6-9所示，滨海火/核电厂污染损害监测系统主要包括5个子功能模块：电厂基本信息、电厂数据查询分析、遥感温度反演评估、生态评估和补偿方案生成。电厂简介和遥感分析子系统主要通过地理数据库、基础数据库和GIS技术来展现各研究示范区的特性，其分析结果用于支持两个主要模块的评估；生态补偿评估模块是系统分析的基础模块，系统建立了基于指标体系模型，通过生态补偿评估来分析研究区污染损害价值的大小，其结果作为污染治理的一个指标；污染治理是本系统的重点，系统通过生态补偿分析结果，通过建立指标体系进行污染治理的定位，从而使滨海火/核电厂得以可持续发展。

系统在开发过程中，为了充分体现人机友好操作，系统每个子模块都提供了相应的操作导航，可以为用户快速正确操作系统提供指导。

（2）电厂信息查询模块

电厂基本信息模块是系统的一个基础功能，主要用来展示各示范电厂的地理位置、环境以及电厂的运行情况等基本信息，方便用户从宏观上了解研究区域。用户登陆主界面以后，可选择所要查看的电厂，当鼠标放在电厂按钮上，就会显示一个指示箭头，用来显示电厂在全国地图的地理位置。点击按钮，就会进入电厂基本信息界面，可以按方向按钮来翻页。

该模块主要借助面向对象设计结构，用到了VS提供的Button控件，Adobe公司的PDF控件、ESRI公司的AxMapControl控件，建立了友好人机交互界面。

（3）监测数据分析模块

监测数据录入与监测数据分析是系统的数据基础。监测数据录入部分供环境监测部门将温排水调查监测数据以统一的标准格式录入系统，最后形成Access数据库mdb文件。监测数据分析模块分析监测调查数据中水温，叶绿素，余氯，浮游动、植物，化学需氧量等的平均数、中位数、方差、标准差及其相互之间的相关系数等统计参数，以作为环境污染程度的指标，为系统损害评估模块提供数据支持。

（4）污染损害评估模块

遥感分析模块从 3S 技术[①]的视角来分析温排水的污染影响。此模块包括遥感影像的展示、遥感影像温度反演、温升区域计算、温升面积统计、专题制图、成图输出等功能。遥感影像温度反演采用目前最为常用，也相对简单、准确、可行的单窗算法反演，从反演影像可以看到温排水影响区域的温度分布。

温升区域计算提供两种方法，基准影像法和基准温度法。基准影像法的基本思想是以电厂建设前遥感温度反演影像与受温排水影响后的同季度的反演影像做差，求得温排水温升影像并以温升范围对影像进行分级设色，通过不同的颜色就可以看出温度升高的幅度。基准温度法的基本思想是假设电厂建设前海域温度为由用户输入的常量，用温升影像减去常量得到温升图，同样对影像进行分级设色处理。温升面积统计，即统计温升影像不同温升幅度的面积。

污染损害评估模块包括生境修复价值评估、生态系统服务价值评估、生物资源价值评估、监测调查费用统计、评估结果输出等部分。损害评估是系统在前面对温排水污染损害情况进行充分分析的前提下进行的。生境修复价值以电能产生同等热量的价格来表示恢复温度异常区温度的费用。生态系统服务价值根据电厂所处的滨海区域所拥有的服务类型（生产服务、支持服务、调节服务、休闲娱乐服务）及其服务类型的指标单价和温排水影响面积来分别计算求和。生物资源价值以各浮游动、植物量根据食物链能量转换折算成叶绿素 a 的浓度来计算。监测调查费用统计，即统计环境监测调查中的所有费用。

损害补偿模块综合前面监测调查及系统数据分析的相关结论和污染损害评估的价值表，根据用户对补偿方案的选择和电厂的基本信息生成电厂污染损害补偿方案，为电厂管理人员及环保部门就电厂运营方式和环境保护方法等提出意见和建议。

---

① 3S 技术是全球定位系统（GPS）、遥感技术（RS）、地理信息系统（GIS）的统称。

第 7 章　监测与评估技术应用

本书中第 4 章和第 6 章分别探讨了温排水监测技术和温排水生态损害评估技术，对温排水生态影响的研究进展、理论基础、检测方法、评估方法和技术标准等内容进行了阐述。在此基础上，本章重点探讨研究所形成技术的应用。在监测技术应用中，选择了几个代表性的电厂，重点探讨温排水的温升监测技术、生态影响监测技术以及余氯检测方法的应用；在评估技术应用中，根据开展的外业调查结果，结合所建立的评估方法，以及国内外学者在开展温排水研究时所取得的最新研究成果，主要选择几个代表性电厂进行应用，如田湾核电站、象山港国华宁海电厂、胶州湾青岛电厂、漳州后石华阳电厂等。

7.1　监测技术应用

滨海电厂温排水监测技术涉及的内容有很多，如监测范围的确定、监测手段的选择、站位的布设、采样时间的确定、现场采样的方法以及数据的处理方法，这些内容对评估温排水对海洋生态环境的影响都很重要，在第 4 章中已经做过探讨和交流，但最为关键的是如何准确地确定温升以及不同温升的面积，这就涉及温升如何计算的问题，不同数据处理方法得到的温升值有很大差异，而且温升范围的大小是估算生态损害评估价值的重要基础依据之一。所以，这一节重点探讨温升的计算方法及其应用。

7.1.1　温升计算方法应用

1. 温升计算方法

温升的计算方法有很多，但较为常用的是选择对照站作为研究的温升对照点来计算温升。在不同时刻，各断面上各个监测站位的表层温度减去对照站监测站位的表层温度即为各监测站位的温升。这在多数电厂计算温升时都有应用，如田湾核电站、象山港国华宁海电厂的温升的计算方法都是如此。

但是，考虑到在每年的夏末秋初，电厂附近表层水温较高，外海水温较低，外海和近岸温差显著，该温差 T' 是不可忽略的；而在冬季，近岸水温较低，外海水温较高，外海和近岸温差显著，该温差 T' 也是不可忽略的。如果将夏季和冬季的近岸和外海的表层温度看成是一致的，那计算得到的温差还不是很科学。

因此，仍然选择对照站作为计算温升的参考点，考虑到象山港为半封闭港湾，水温空间分布具有一定的差异性，所以需除去修正值。因此在不同时刻，各断面上各个监测站位的表层温度减去对照监测站位的表层温度之后，再利用建厂前本底调查资料作温差修正，即得各监测站位的温升。

$$\Delta T = T - T_{对} - T'$$

式中，T 为监测站位水温；$T_{对}$ 为监测对照站水温；T' 和 ΔT 分别为温差修正值、温升值。

2. 温差修正值的选取

选择历年监测采用的对照站作为计算温升的依据。在不同时刻，各断面上各个监测站位的表层温度减去对照站的表层温度之后，再利用建厂前本底调查资料作温差修正，即得各监测站位的温升（表 7-1）。

表 7-1　夏季和冬季温差修正值 T' 一览表

季节	时刻	象山港国华宁海电厂附近温度（℃）	对照站温度（℃）	温差修正值 T'（℃）
夏季	大潮涨憩	29.6	28.8	0.8
	大潮落憩	29.8	28.6	1.2
冬季	大潮涨憩	11.5	12.0	−0.5
	大潮落憩	10.4	11.6	−1.2

3. 应用

（1）夏季

2011 年夏季大、小潮象山港国华宁海电厂取排水口附近海水表面温升包络面积，见表 7-2。大潮涨憩表层 4.0℃、1.0℃的水体覆盖面积分别为 0km²、0.8km²，大潮落憩表层 4.0℃、1.0℃的水体覆盖面积分别为 0km²、1.3km²，小潮涨憩表层 4.0℃、1.0℃的面积分别为 0km²、2.6km²，小潮落憩表层 4.0℃、1.0℃的面积分别为 0.2km²、0.8km²。

表 7-2　象山港国华宁海电厂邻近海域夏季表层温升包络面积

潮次	时段	覆盖面积（km²）	
		4.0℃	1.0℃
大潮	涨憩	0	0.8
	落憩	0	1.3
小潮	涨憩	0	2.6
	落憩	0.2	0.8

2011 年夏季航次监测中，大潮涨憩、大潮落憩、小潮涨憩、小潮落憩 4 个时段排水口邻近海域的海水表面温升分布，如图 7-1 所示。

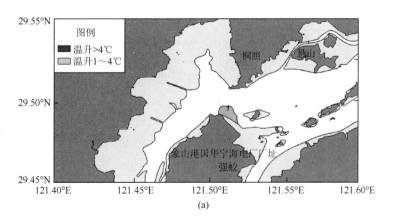

(a)

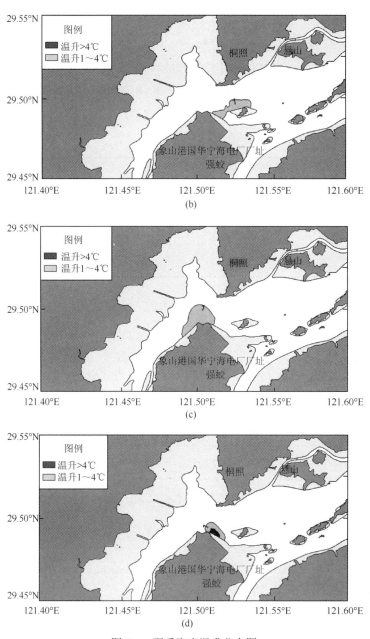

图 7-1　夏季海表温升分布图

（a）大潮涨憩；（b）大潮落憩；（c）小潮涨憩；（d）小潮落憩

　　大潮涨憩时，1.0℃高温水舌仍滞留在铁港口门以东。大潮落憩时，1.0℃高温水舌西侧局限在白象山嘴东侧的一个小范围，且温升范围相对于大潮涨憩要小很多。

　　小潮涨憩时，1.0℃高温水舌几乎全部伸入铁港。小潮落憩时，4.0℃和1.0℃高温水舌滞留在铁港口门附近，4.0℃和1.0℃高温水舌都没有伸入铁港。

　　（2）冬季

　　2011年冬季大、小潮取排水口附近海表温升线覆盖面积，见表7-3。大潮涨憩表层4.0

℃、1.0℃的覆盖面积分别为 0.1km²、0.7km²，大潮落憩表层 4.0℃、1.0℃的覆盖面积分别为 0.1km²、1.1km²，小潮涨憩表层 4.0℃、1.0℃的覆盖面积分别为 0.2km²、0.9km²，小潮落憩表层 4.0℃、1.0℃的覆盖面积分别为 0.2km²、2.5km²。

表 7-3　象山港国华宁海电厂邻近海域冬季表层温升包络面积

潮次	时段	覆盖面积（km²）	
		4.0℃	1.0℃
大潮	涨憩	0.1	0.7
	落憩	0.1	1.1
小潮	涨憩	0.2	0.9
	落憩	0.2	2.5

2011 年冬季航次监测中，大潮涨憩、大潮落憩、小潮涨憩、小潮落憩 4 个时段排水口邻近海域的海表温升分布如图 7-2 所示。大潮涨憩时，4.0℃和 1.0℃高温水舌仍滞留在铁港口门以东。大潮落憩时，4.0℃高温水舌西侧局限在白象山嘴东侧的一个小范围，1.0℃等温线稍稍伸入铁港。小潮涨憩时，4.0℃和 1.0℃等温线都局限在厂址附近，高温水舌有向北延伸。小潮落憩时，4.0℃高温水舌滞留在铁港口门附近，1.0℃高温水舌都没有伸入铁港，1.0℃等温线的范围比其他时刻要大很多。

7.1.2　生态影响评价方法应用

1. 纵向比较法

温排水所产生的生态影响是潜在的、长期的、累积的，本节选取了舟山电厂主要探讨滨海电厂运营后温排水对邻近海域生态环境的影响。

舟山电厂位于舟山本岛的北部沿海、舟山市定海区白泉镇浪洗村的东南部，北临黄大洋，距离白泉镇中心约 5km，距离舟山市中心约 12km。舟山电厂一期工程装机容量

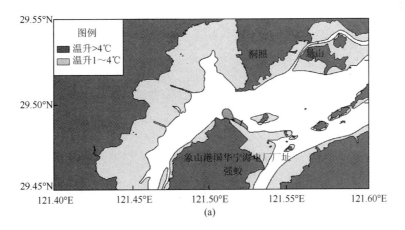

(a)

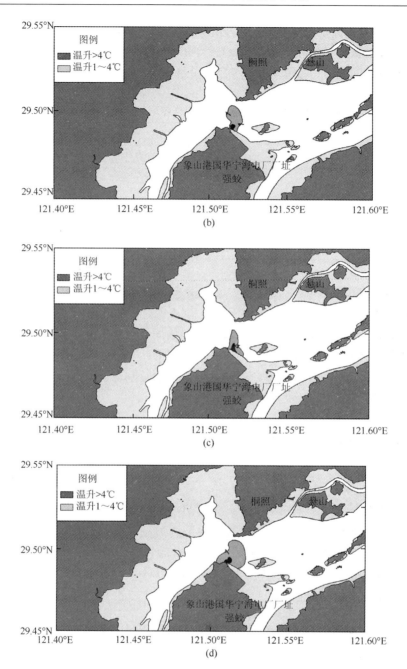

图 7-2　冬季海表温升分布图

（a）大潮涨憩；（b）大潮落憩；（c）小潮涨憩；（d）小潮落憩

为 260MW，1 号机组为 125MW，于 1996 年开工兴建，1997 年 11 月建成投产；2 号机组为 135MW，于 2004 年 3 月建成投产。二期扩建工程位于舟山电厂一期工程西侧，2010年 10 月舟山朗熹发电有限责任公司二期 30 万 kW 发电机组正式投入商业运营。

　　舟山电厂建成投产后，其主要的水污染源为电厂冷却排放水。达到设计规模时，温排水量为 12m³/s, 温升为 8℃。舟山电厂二期工程循环冷却水量为 11.25m³/s, 温升为 8℃。通常春、秋两季采用具有氧化性的氯对电厂冷却用海水进行处理。本项目投产后，周围水域水体中余氯的浓度为 0.01mg/L, 等余氯线包络面积最大可能为 0.30km², 电厂加氯时仅在排水口附近小范围内产生一定的影响。

（1）温排水对浮游植物的影响

利用舟山电厂一期、二期工程的环境影响报告书和 2011 年 8 月的现场监测数据进行分析对比。从表 7-4 中可以看出，舟山电厂运行后，浮游植物的数量大量减少，这与金岚等的研究结果浮游生物数量会明显减少一致，在优势种并未发生变化的情况下，浮游植物的种类大幅增加，可能是因为温度升高出现了新耐热物种，使种群结构发生了变化，这与 Bush 等（1974）的调查结果当水体适度增温（$\Delta T \leqslant 3℃$）时，群落中的种类数增加基本一致（舟山电厂温排水温升 3℃包络线最大影响范围仅为 0.137km²）。

表 7-4　舟山电厂邻近海域浮游植物监测结果历史比较

时间	种类组成	细胞丰度数量	优势种	多样性指数
1994 年 7 月	19 个种属。其中，硅藻 15 个种属；甲藻 4 个种属	$(1.87 \sim 10.9) \times 10^4$ 个/L, 平均值为 5.74×10^4 个/L	中肋骨条藻和圆筛藻	范围为 2.08～3.14, 平均值为 2.50
2006 年 7 月	3 门 25 属 65 种。其中，硅藻门 21 属 55 种，甲藻门 3 属 8 种，蓝藻门 1 属 2 种	$(0.055 \sim 1.125) \times 10^4$ 个/L, 平均值为 0.489×10^4 个/L	中肋骨条藻	范围为 1.45～2.54, 平均值为 1.76
2011 年 8 月	3 门 26 属 46 种。其中，硅藻门 17 属 34 种，甲藻门 8 属 11 种，蓝藻门 1 属 1 种	$(0.19 \sim 1.31) \times 10^4$ 个/L, 平均值为 0.602×10^4 个/L	中肋骨条藻	范围为 0.55～1.33, 平均值为 1.07

（2）温排水对浮游动物的影响

从表 7-5 可以看出，舟山电厂运行后，浮游动物的数量并未减少，并且浮游动物的种类大幅增加，优势种增多，可能是因为温度升高出现了新耐热物种，使种群结构发生了变化，这与 Bush 等（1974）的研究结果一致（舟山电厂温排水温升 3℃包络线最大影响范围仅为 0.137km²）。

表 7-5　舟山电厂邻近海域浮游动物监测结果历史比较

时间	种类组成	丰度和生物量	优势种	多样性指数
1994 年 7 月	8 类 14 种。其中，毛颚类和幼体各 3 种，水母类、桡足类各 2 种，莹虾类、磷虾类、螺类、其他类各 1 种	生物量为 70.1～90.5mg/m³, 平均值为 75.6mg/m³	中华假磷虾	范围为 2.80～3.01, 平均值为 2.92
2006 年 7 月	15 类 60 种。其中桡足类 17 种，水螅水母类 9 种，毛颚类、十足类各 5 种，糠虾类 4 种，端足类、被囊动物、浮游幼虫各 3 种，管水母类、栉水母类、磷虾类、涟虫类各 2 种，等足类、多毛类、其他类各 1 种	丰度为 14.6～920.5 个/m³, 平均值为 212.82 个/m³; 生物量为 22.8～785.4mg/m³, 平均值为 197.7mg/m³	真刺唇角水蚤、中华哲水蚤、拿卡箭虫和中华假磷虾	范围为 0.72～1.54, 平均值为 1.05
2011 年 8 月	11 类 36 种。其中桡足类 12 种，浮游幼体 11 种，水母类（含腔肠动物和栉水母 2 个类群）和毛颚动物各 3 种，磷虾类 2 种，枝角类、糠虾类、樱虾类、软体动物、其他类各 1 种	丰度为 8～222 个/m³, 平均值为 60 个/m³; 生物量为 6～293mg/m³, 平均值为 52mg/m³	背针胸刺水蚤、太平洋纺锤水蚤、刺尾纺锤水蚤、真刺唇角水蚤幼体、拿卡箭虫、球形侧腕水母	范围为 0.42～2.10, 平均值为 1.50

（3）温排水对底栖生物的影响

从表 7-6 可以看出，舟山电厂二期工程运行后，底栖动物的丰度和生物量均有所增加，与胡德良等的研究结果基本一致，但是底栖动物的种类大量减少，可能由于温度升高，使对温度比较敏感的底栖动物种群消失了。

表 7-6 舟山电厂邻近海域底栖生物监测结果历史比较

时间	种类组成	栖息密度	生物量	优势种	多样性指数
2006 年 7 月	29 种。其中，多毛类 17 种，软体动物 5 种，棘皮动物 2 种，甲壳类 1 种，其他类 4 种	平均值为 55 个/m²	1.94g/m²	缩头节节虫、多鳃卷吻沙蚕、西方似蛰虫、不倒翁虫	范围为 0～2.65，平均值为 1.44
2011 年 8 月	3 类 8 种。其中多毛类 5 种，软体动物 2 种，甲壳类 1 种	范围为 40～100 个/m²，平均值为 70 个/m²	生物量为 0.71～5.34g/m²，平均为 2.07g/m²	长吻沙蚕、寡鳃齿吻沙蚕、异蚓虫、小头虫、不倒翁虫	范围为 1.04～1.61，平均值为 1.28

2. 横向比较法

本节内容主要统计了田湾核电站 2011 年 7 月夏季航次的调查数据。田湾核电站的总体概况见第 2 章有关内容。

为了研究滨海电厂温升对浮游植物多样性的影响，笔者划分了温升区与非温升区（以 1℃为界限），计算了田湾核电站邻近海域温升区内外高潮和低潮浮游植物多样性指数、均匀度指数、丰富度指数，并进行了比较（表 7-7）。分析结果表明，无论是高潮，还是低潮，受到温排水影响的区域，浮游植物的多样性指数明显低于非温升区域。说明温排水对于浮游植物的影响还是很明显的。

表 7-7 田湾核电站邻近海域温升区内外浮游植物生物多样性比较

区域	低潮			高潮		
	H'	J	d	H'	J	d
温升区	0.85	0.31	0.34	0.43	0.14	0.42
非温升区	1.08	0.28	0.67	1.50	0.45	0.59

7.1.3 余氯检测方法应用

余氯的检测方法和检测步骤已经在第 3 章叙述过了，本节主要探讨该检测方法在浙能乐清电厂的应用情况。

1. 浙能乐清电厂概况

浙能乐清电厂位于乐清湾西岸，打水湾附近。工程建设规模为 2×600MW 超临界和 2×660MW 超临界燃煤发电机组，分两期建设。一期工程 2 台机组已于 2008 年 9 月正式投产发电，二期工程于 2010 年 3 月 30 日运行 1 台机组，7 月 25 日 4 台机组全部投产发电。

浙能乐清电厂采用深取浅排的取排水布置模式，取水口布置在煤码头北侧约−14m 等深线附近海床上，距海堤约 1400m。排水口位于厂址前沿海域，布置在打水湾北侧的钟山隧道，呈喇叭口形，低潮时露滩排放。每台机组配 2 台循环水泵，供、排水管和沟各一条，每 2 台机组设取水头一个。

2. 浙能乐清电厂冷却水加氯工艺

为防止海洋污损生物和微生物在凝气器等冷却设备及管道中附着滋生，电厂采用在冷却水中投加次氯酸钠的方法杀菌灭藻。次氯酸钠通过电解海水制得，进入电解海水制氯系统的水源为海水淡化车间一级反渗透装置排放的浓盐水。产生的次氯酸钠药液贮存在贮罐中，通过加药泵将药液加至循环水取水头部或循环水泵进水前池（图 7-3）。

图 7-3　浙能乐清电厂次氯酸钠发生器

浙能乐清电厂循环水加氯点有两处，一处在循环水泵进水前池，另一处在循环水取水头部。取水头部为间歇式加药，加氯量为 3.0mg/L，每天加药 1～2 次，每次 30min；循环水泵进水前池为连续加氯，加氯量按 0.8mg/L 计。

3. 应用

2010 年 7 月大潮期间，项目组在对浙能乐清电厂邻近海域进行污染损害海洋生态环境调查时，用建立的余氯检测方法对排水井和布设在邻近海域的 20 个站位分涨落潮进行检测。

涨憩时和落憩时排水井的余氯浓度分别为 0.20mg/L 和 0.12mg/L。涨憩时余氯浓度比落憩时余氯浓度大，说明涨、落憩时浙能乐清电厂循环水的加氯浓度不一样，这可能是由浙能乐清电厂采用连续式和冲击式相组合的加氯工艺导致的，涨憩时正实施冲击式加氯，落憩时刚好是连续式加氯。检测结果可以很好地反映加氯工艺产生的排放浓度差异。具体检测结果如下。

涨憩：表层余氯浓度范围为未检出～0.20mg/L，平均值为 0.04mg/L。

落憩：表层余氯浓度范围为未检出～0.12mg/L，平均值为 0.04mg/L。

余氯分布等值线按照 0.05mg/L、0.075mg/L、0.10mg/L、0.125mg/L、0.15mg/L 划分，浙能乐清电厂邻近海域余氯分布，如图 7-4 所示，其扩散区主要分布在排水口邻近海域，表层海水余氯浓度较高，距离排水口约 1.1km 的海域余氯浓度都低于 0.05mg/L，落憩时距离排水口约 0.8km 的海域余氯浓度都低于 0.05mg/L。

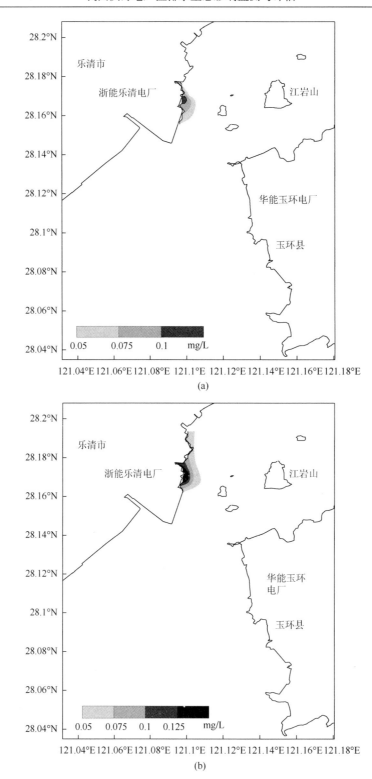

图7-4　夏季表层海水余氯分布图

（a）涨憩，（b）落憩

电厂邻近海域余氯包络面积实测计算结果表明,浙能乐清电厂 0.15mg/L、0.125mg/L、0.1mg/L、0.075mg/L 和 0.05mg/L 最大包络面积分别为 $0km^2$、$0.26km^2$、$0.53km^2$、$0.97km^2$ 和 $1.83km^2$。

7.2 评估技术应用

前面第 6 章已经详细阐述了温排水生态损害评估内涵、内容及方法,关于评估指标的选取也有所涉及,本节主要是在简要概述、探讨温排水生态损害评估技术的基础上,考虑到损害价值评估方法的可操作性以及估算价值的科学性,选择有关典型滨海电厂,开展生态损害价值评估的应用。

7.2.1 温排水海洋生态损害评估方法

滨海电厂温排水产生的生态损害是多方面的、潜在的、长期的,根据第 6 章所述,生态损害的表现不一,有海洋生物资源的损害、海洋环境容量的损害,也有不可完全量化的海洋生态系统服务的损害。当然,海洋生态系统服务损害也包括海洋生物资源损害以及环境容量损害等内容。海洋生物资源损害是资源价值的损害,而海洋生态系统服务损害是功能上的损害。

海洋生物资源损害包括温排水引起的底栖生物损害、温升对鱼卵仔鱼的损害、电厂卷载作用对鱼卵仔鱼的损害、温升对浮游植物损害和温升对浮游动物损害 5 个方面;海洋生态系统服务损害包括生产功能(初级生产力)、调节功能(光合作用)、支持功能(营养物质循环和避难所)和休闲娱乐功能(景观和美学价值等)的部分受损。

海洋生物资源损害价值评估是根据温排水的生态影响量转化为货币价值量,当然每种生物资源其价值有所区别,一般是将其转化为商品的价值统计得出。海洋生态系统服务损害价值则是依据国内外权威文献中有关海洋生态系统服务的各项价值,结合温排水专项围隔实验的生态损害的百分比,以及温排水调查所得出的温升影响面积统计得出。

1. 海洋生物资源损害价值评估方法

$$B = \sum B_i K_i \quad (i = 1, 2, 3, 4, 5)$$

式中,B 为海洋生物资源损害评估总价值(万元);B_1 为潮间带底栖生物损害评估价值(万元);B_2 为温升对鱼卵仔鱼损害评估价值(万元);B_3 为电厂排水口卷载作用对鱼卵仔鱼损害评估价值(万元);B_4 为温升对浮游植物损害评估价值(万元);B_5 为温升对浮游动物损害评估价值(万元);K_i 为综合考虑损失状况,为了科学评估而赋予的计算系数。

2. 海洋生态系统服务价值评估方法

$$E = \sum E_i K_i \quad (i = 1, 2, 3, 4)$$

式中,E 为海洋生态系统服务总价值(万元);E_1 为生产服务价值(万元);E_2 为调节服务价值(万元);E_3 为支持服务价值(万元);E_4 为休闲娱乐服务价值(万元)。K_i 为综合考虑损失状况，为了科学评估而赋予的计算系数。

7.2.2　评估指标标准值的选取

评估指标包含了三方面的内容：调查参数、损害（失）参数、价值参数取值。调查参数主要是指温排水温升的影响面积、温排水量、生物的种类、生物量等指标值，这些可从所开展的电厂邻近海域的调查结果中分析得到；价值参数取值主要依据当地水产品的价值以及大量参考资料得到；损害（失）参数主要包括受损伤的生物种类、受到损伤的百分比，这主要从室内实验和参考文献中得到。上述这三类参数指标的取值原则在前面章节已有讨论。

在本书中，主要选取了胶州湾青岛电厂、田湾核电站、象山港国华宁海电厂、浙能乐清电厂、漳州后石华阳电厂和大亚湾核电站进行海洋生态损害评估技术的应用。在计算温排水生态损害价值评估案例中，选取的价值参数主要依据如下：底栖生物平均价格为 0.002 万元/kg，饵料生物价格为 0.03 万元/kg，碳税率价格为 0.0945 万元/t（按瑞典政府规定的取 150 美元/t、人民币汇率按 6.3 折算）。

机械卷载作用造成的鱼卵仔鱼损失率按 60%计算，温升引起的鱼卵仔鱼损失率按 100%计算，温升引起的浮游植物损失率以 10%（叶绿素 a）来计，温升引起的浮游动物损失率以 10%计算。

7.2.3　案例应用

本节选择了 6 家有代表性的电厂开展了生态损害评估，6 家电厂分属不同的类型，就所处海域性质而言，三家港湾型电厂，三家开放式电厂；就能源结构而言，四家燃煤电厂，两家核电厂。各家电厂在计算生态损害评估中所用到的指标为年排水量、温升≥2℃平均水深及平均影响面积、温升≥1℃平均影响面积、叶绿素 a 含量、浮游动物生物量、底栖生物生物量、鱼卵仔鱼密度 8 项指标，具体，见表 7-8。

表 7-8　各家滨海电厂生态损害评估指标一览表

评估指标	胶州湾青岛电厂	象山港国华电厂	田湾核电站	浙能乐清电厂	漳州后石华阳电厂	大亚湾核电站
年排水量（亿 m³）	11.05	12.80	16.08	19.24	42.32	61.00
温升≥2℃平均水深（m）	2.00	10.00	4.00	7.00	14.00	13.00
温升≥2℃平均影响面积（hm²）	129.30	26.48	646.25	71.00	272.50	378.56
温升≥1℃平均影响面积（hm²）	213.20	100.45	1173.90	147.50	631.00	12610.10
叶绿素 a 含量（μg/L）	1.60	5.00	0.15	2.20	3.08	2.64
浮游动物生物量（mg/m³）	135.90	37.45	198.20	20.0	153.85	155.08
底栖生物生物量（g/m²）	48.31	13.56	7.96	17.00	12.34	173.56
鱼卵仔鱼密度（个/m³）	5.00	5.00	1.35	3.69	2.05	2.56

根据第 6 章海洋生态损害评估方法，利用各家电厂所开展的外业调查结果，以及所收集到的有关文献资料，估算了部分滨海电厂的海洋生物资源损害价值和海洋生态系统

服务损害价值。

1. 海洋生物资源损害价值评估

由表 7-9 可知，海洋生物资源损害价值中以卷载作用引起的鱼卵仔鱼价值损失最大，占总价值损害的 75%～99%；其次是底栖生物的价值损失，浮游生物的损害价值较低，不足总价值损害的 1%。

表 7-9　各家滨海电厂海洋生物资源损害价值评估一览表　　（单位：万元/a）

类型	胶州湾青岛电厂	象山港国华宁海电厂	田湾核电站	浙能乐清电厂	漳州后石华阳电厂	大亚湾核电站
底栖生物	124.93	7.18	102.88	24.14	67.25	1314.06
温升引起的鱼卵仔鱼	6.47	6.62	17.45	9.17	39.10	62.99
卷载作用引起的鱼卵仔鱼	1658.08	1919.38	651.38	2129.53	2602.81	4671.41
浮游植物	0.35	0.52	0.26	0.50	5.98	153.78
浮游动物	1.05	0.30	15.37	0.30	17.61	22.90
合计	1790.88	1934.00	787.34	2163.64	2732.75	6225.14

就开展应用的几家滨海电厂而言，温排水产生的海洋生物资源损害价值因排水量、温升面积、邻近海域生物资源状况而有所不同。损害价值最大的为大亚湾核电站，约为 6225 万元/a，其排水量、温升影响面积以及海洋生物资源在各家电厂邻近海域为最高；价值损害较低的为田湾核电站，仅约为 787 万元/a，其他电厂介于两者之间，漳州后石华阳电厂约为 2733 万元/a、浙能乐清电厂约为 2164 万元/a、胶州湾青岛电厂约为 1791 万元/a、象山港国华宁海电厂约为 1934 万元/a。

2. 海洋生态系统服务损害价值评估

温排水生态损害导致的海洋生态系统服务价值损失主要包括 4 个部分：生产服务（E_1）、调节服务（E_2）、支持服务（E_3）和休闲娱乐服务（E_4）。生产服务主要指食物生产，调节服务包括干扰调节、生物控制，支持服务包括营养循环、避难所、原材料，休闲娱乐包括娱乐及文化。每项生态系统服务价值损害的计算公式及损害价值标准见第 6 章 6.3 节，计算所需的评估指标，如温升影响面积，见表 7-8。

由表 7-10 可知，在四大项八小项生态系统服务损害价值评估中，损害价值最大的为营养循环，约占总损害价值的 94%；干扰调节和娱乐其次，原材料、食物生产及文化等价值损害较低，不足 1%。

表 7-10　各家滨海电厂海洋生态系统服务损害价值评估一览表　　（单位：万元/a）

电厂名称	生产服务	调节服务		支持服务			休闲娱乐服务		合计	实际损失（按60%折算）
	食物生产	干扰调节	生物控制	营养循环	避难所	原材料	娱乐	文化		
胶州湾青岛电厂	11.11	99.12	13.64	3688.79	22.90	4.37	66.60	5.07	3911.60	2346.96

续表

电厂名称	生产服务	调节服务		支持服务			休闲娱乐服务		合计	实际损失（按60%折算）
	食物生产	干扰调节	生物控制	营养循环	避难所	原材料	娱乐	文化		
象山港国华宁海电厂	5.23	46.70	6.43	1737.99	10.79	2.06	31.38	2.39	1842.97	1105.78
浙能乐清电厂	61.16	545.75	75.13	20310.82	126.08	24.06	366.73	27.94	21537.67	12922.60
漳州后石华阳电厂	7.68	68.57	9.44	2552.05	15.84	3.02	46.08	3.51	2706.19	1623.71
田湾核电站	32.88	293.35	40.38	10917.56	67.77	12.94	197.12	15.02	11577.02	6946.21
大亚湾核电站	656.99	5862.44	807.05	218179.95	1354.32	258.51	3939.40	300.12	231358.78	138815.27

从计算结果来看，6 家滨海电厂海洋生态系统服务损害价值最高的为大亚湾核电站，约 13.9 亿元/a；其次为浙能乐清电厂及田湾核电站，分别约为 1.3 亿元/a 和 6900 万元/a；象山港国华宁海电厂和漳州后石华阳电厂价值损害较低，分别约为 1100 万元/a 和 1600 万元/a。

参 考 文 献

毕闻彬. 2008. 滨海电厂温排水管理研究. 青岛：中国海洋大学硕士学位论文

蔡泽富，杨红，焦俊鹏，等. 2011. 温排水对围隔生态系统各粒级海洋浮游生物的影响. 水产学报，35（8）：1240-1246

蔡泽平，陈浩如. 1999. 热废水对大亚湾三种经济鱼类热效应的研究. 热带海洋，18（2）：11-19

曹颖，朱军政. 2009. 基于 FVCOM 模式的温排水三维数值模拟研究. 水动力学研究与进展，24（4）：432-439

陈斌林，方涛，李道季. 2007. 连云港近岸海域底栖动物群落组成及多样性特征. 华东师范大学（自然科学版），2：1-10

陈斌林，方涛，张存勇，等. 2007. 连云港核电站周围海域 2005 年与 1998 年大型底栖动物群落组成多样性特征比较. 海洋科学，31（3）：94-96

陈慧泉，毛新民. 1995. 水面蒸发系数全国通用公式的验证. 水科学进展，6（2）：161-120

陈锦年，王宏娜，吕心艳. 2007. 海区域海-气热通量的变化特征分析. 水科学进展，18（3）：26-35

陈锦年，伍玉梅，何宜军. 2006. 中国近海海气界面热通量的反演. 海洋学报，28（4）：26-35

陈金斯，李永飞. 1996. 大亚湾无机氮分布特征. 热带海洋，15（3）：92-97

陈凯麒，李平衡，密小斌. 1999. 温排水对湖泊、水库富营养化影响的数值模拟. 水利学报，01：23-27

陈全震，曾江宁，高爱根，等. 2004. 鱼类热忍耐温度研究进展. 水产学报，05：562-567

陈尚，任大川，夏涛，等. 2010. 海洋生态资本价值结构要素与评估指标体系. 生态学报，23：6331-6337

陈尚，朱明远. 1999. 富营养化对海洋生态系统的影响及其围隔实验研究. 地球科学进展，14（6）：571-576

陈晓秋，商照荣. 2007. 核电厂环境影响审查中的温排水问题. 核安全，2：46-50

陈新永，朱静，韩龙喜，等. 2007. 水面综合散热系数确定方法及灵敏度分析. 水科学与工程技术，5：9-13

陈新永. 2007. 近岸海域电厂温排水数值模拟及热环境容量研究——以曹妃甸海域为例. 南京：河海大学硕士学位论文

陈艳拢，赵冬至，杨建洪，等. 2009. 赤潮藻类温度生态幅的定量表达模型研究. 海洋学报，31（5）：156-161

陈镇东，汪中和，宋克义，等. 2000. 台湾南部核能电厂附近海域珊瑚所记录的水温. 中国科学（D辑），30（6）：663-668

陈陟，李诗明，吕乃平，等. 1997. TOGA-COAREIOP 期间的海-气通量观测结果. 地球物理学报，4（6）：753-762

陈仲新，张新时. 2000. 中国生态系统效益的经济价值. 科学通报，45（1）：17-22

程舸，林慧贤，胡国栋，等. 1996. 大亚湾核电站运转前后附近地区动物体肝组织、红细胞中超氧物歧化酶活性. 海洋环境科学，15（4）：8-11

楚宪峰，田建茹，马立科，等. 2008. 烟气海水脱硫温排水对海域环境的影响. 中国给水排水，24（14）：

102-105

褚健婷,陈锦年,许兰英. 2006. 海-气界面热通量算法的研究及在中国近海的应用. 海洋与湖沼, 37(6):
　　481-487

邓光,耿亚洪,胡鸿钧,等. 2009. 几种环境因子对高生物量赤潮甲藻——东海原甲藻光合作用的影响.
　　海洋科学, 33(12): 34-39

邓兆青. 2007. 海-气热通量及其在温排水数模中的应用. 青岛:中国海洋大学硕士学位论文

丁德文,孙廷维,于永海. 1995. 华能营口电厂取水口防冰工程数值模拟与分析. 冰川冻土, 17(s1):
　　112-118

丁兆利,马长明. 2011. 温排水数值模拟软件综述. 科技情报开发与经济, 21: 161-163

窦振兴,杨连武,Ozer J. 1993. 海洋环境科学渤海三维数值模拟. 海洋学报, 15(5): 1-15

杜强,贾丽艳. 2011. SPSS统计分析从入门到精通. 北京:人民邮电出版社

方国洪,朱耀华. 1992. 海洋流体动力学的一种三维数值模式. 物理海洋数值计算. 郑州:河南科学技术
　　出版社

费尊乐. 1984. 近海水域漫衰减系数的估算. 黄渤海海洋, 2(1): 26229

高会旺,王强. 2004. 1999年渤海浮游植物生物量的数值模拟. 中国海洋大学学报:自然科学版, 34(5):
　　867-873

高会旺,杨华,张英娟,等. 2001. 渤海初级生产力的若干理化影响因子初步分析. 青岛海洋大学学报,
　　31(4): 487-494

高振会,杨健强,王培刚,等. 2007. 海洋溢油生态损害评估的理论、方法建立研究. 北京:海洋出
　　版社

郭纯青,方荣杰,代俊峰. 2012. 水文气象学. 北京:中国水利水电出版社

郭娟,袁东星,陈进生,等. 2008. 燃煤电厂海水脱硫工艺的排水对海域环境的影响. 环境工程学报,
　　2(5): 707-711

国家海洋局. 2007.海洋溢油生态损害评估技术导则(HY/T 095—2007). 北京:国家海洋局

国家海洋局. 2013. 《海洋生态损害评估技术指南》(试行). 中国海洋法学评论. 2: 11

国家海洋局第三海洋研究所. 2010. 福建福清核电项目海域使用论证报告书

国家环保总局核与辐射安全中心. 2007. 核动力厂温排水环境审评原则(征求意见稿). 北京:国家环
　　保总局核与辐射安全中心

国家环境保护局. 1991. 景观娱乐用水水质标准(GB12941-91). 环境保护, 01: 46-47

国家环境保护局. 1997. 国家技术监督局,海水水质标准(GB3097—1997)

海洋图集编委会. 1991. 渤海、黄海、东海海洋图集. 北京:海洋出版社

韩康,张存智. 1998. 三亚电厂温排水数值模拟. 海洋环境科学, 17(2): 54-57

郝瑞霞,韩新生. 2004. 潮汐水域电厂温排水的水流和热传输准三维数值模拟. 水利学报, 8: 66-70

郝瑞霞,周力行,陈惠泉. 1999. 冷却水工程中湍浮力射流的三维数值模拟. 水动力学研究与进展,
　　14(4): 485-492

郝彦菊,唐丹玲. 2010. 大亚湾浮游植物群落结构变化及其对水温上升的响应. 生态环境学报, 19(8):
　　1794-1800

何国健,赵慧明,方红卫. 2008. 潮汐影响下电厂温排水运动的三维数值模拟. 水力发电学报, 3: 125-131

贺佳惠，梁春利，李明松. 2010. 核电站近岸温度场航空热红外遥感测量数据处理研究. 国土资源遥感，
    85（3）：51-53

贺益英，赵懿珺. 2007. 电厂循环冷却水余热高效利用的关键问题. 能源与环境，6：27-29

贺益英. 2004. 关于火、核电厂循环冷却水的余热利用问题. 中国水利水电科学研究院学报，2（4）：
    315-316

侯继灵，张传松，石晓勇，等. 2006. 磷酸盐对两种东海典型赤潮藻影响的围隔实验. 中国海洋大学学
    报：自然科学版，36（B05）：163-169

侯继灵. 2006. 不同氮源和铁对浮游植物生长影响的围隔实验研究. 青岛：中国海洋大学硕士学位论文

胡德良，杨华南. 2001. 热排放对湘江大型底栖无脊椎动物的影响. 环境污染治理技术与设备，2（1）：
    25-28

胡国强. 1989. 水体热污染. 环境导报，3：27-28

胡莲，沈建忠，万成炎，等. 2007. 云龙湖水库沉水植物恢复的原位围隔实验. 湖北农业科学，46（1）：
    68-70

华祖林，郑小妹. 1996. 贵溪电厂二期扩建温排放试验研究. 电力环境保护，12（3）：21-29

华祖林. 1995. 电厂温排水排放对感潮河段环境水体影响预测研究. 电力环境保护，11（4）：17-22

华祖林. 1997. 贴体边界下潮汐河口热（核）电厂温排放数值计算. 电力环境保护，13（2）：37-45

黄平. 1992. 哑铃湾电厂温排水扩散预测. 海洋环境科学，04：41-49

黄平. 1996. 汕头港水域温排水热扩散三维数值模拟. 海洋环境科学，15（1）：59-65

黄秀清，王金辉，蒋晓山，等. 2008. 象山港海洋环境容量及污染物总量控制研究. 北京：海洋出版社

黄燕，张明波，徐长江. 2008. 对几类电厂取（排）水影响水环境问题的探讨. 人民长江，39（17）：
    12-14

贾俊涛，吕艳，李筠. 2003. 对虾围隔生态系底泥中细菌数量动态研究. 动物医学进展，24（4）：76-78

江洧，林佑金，陆耀辉. 2001. 潮汐河道冷却水工程试验研究方法及应用. 广州大学学报，15（11）：
    43-47

江洧，林佑金，陆耀辉. 2001. 惠州 LNG 电厂循环冷却水工程模型试验研究. 人民长江，4：9-12

江洧. 2001. 惠州 LNG 电厂冷却水工程数值模拟研究. 广东水利水电，04：10-13

江志兵，曾江宁，陈全震，等. 2008. 滨海电厂冷却水余热和余氯对中华哲水蚤的影响. 应用生态学报，
    19（6）：1401-1406

江志兵，曾江宁，陈全震，等. 2009. 滨海电厂冷却系统温升和加氯对浮游植物联合作用的模拟研究. 环
    境科学学报，29（2）：13-419

江志兵，曾江宁，陈全震，等. 2010. 不同升温速率对桡足类高起始致死温度的影响. 热带海洋学报，
    29（3）：87-92

姜礼燔. 2000. 热冲击对鱼类影响的研究. 中国水产科学，7（2）：77-81

蒋爽，端木琳，王树刚. 2006. 海水热扩散研究进展与新问题. 能源环境保护，20（5）：5-9

焦海峰，施慧雄，尤仲杰. 2006. 滨海电厂对海域生态环境影响研究概述. 宁波：宁波市科技局重大招
    标项目（2006c100030）

金腊华，黄报远，刘慧璇，等. 2003. 湛江电厂对周围水域生态的影响分析. 生态科学，22（2）：165-167，
    170

金岚. 1993. 水域热影响概论. 北京：高等教育出版社

金琼贝, 盛连喜, 张然. 1989. 电厂温排水对浮游动物的影响. 环境科学学报, 9（2）：208-217

金琼贝, 盛连喜, 张然. 1991. 温度对浮游动物群落的影响. 东北师范大学学报（自然科学版）, 4：103-111

金琼贝, 张然, 王敬恒. 1988. 热排水对原生动物群落的影响. 环境科学学报, 8（3）：316-323

蓝虹, 许昆灿, 张世民, 等. 2004. 厦门西海域一次中肋骨条藻赤潮与水文气象的关系. 海洋预报,
　　21（4）：93-99

李超, 张燕, 王东晓. 2006. 2004 年秋季冷空气活动对南海海表温度的影响. 热带海洋学报, 25（2）：
　　6-11

李德尚, 杨红生, 王吉桥. 1998. 一种池塘陆基实验围隔. 青岛海洋大学学报, 28（2）：199-204

李海珠. 2007. 日本核电站温排水对环境影响的评价. 核工程研究与设计, 62：14-16

李静晶, 张永兴, 刘永叶, 等. 2011. 核电厂温排水混合区边缘的温升限值研究——以某核电厂为例. 海
　　洋环境科学, 30（3）：414-417

李克强, 王修林, 韩秀荣, 等. 2007. 莱州湾围隔浮游生态系统氮、磷营养盐迁移-转化模型研究. 中国
　　海洋大学学报：自然科学版, 37（6）：987-994

李孟国, 伶丁洋. 1996. 三维流场数值模拟研究. 水动力学研究与进展, 11（3）：342-351

李明全, 金琼贝, 谢允田. 1956. 火电厂热排水对东北地区湖泊、水库藻类、浮游动物、底栖动物影响
　　的研究, 9：5, 17, 23, 25, 26

李沫, 蔡泽平. 2001. 核电站对海洋环境及生物的影响. 海洋科学, 25（9）：32-35

李瑞香, 朱明远, 王宗灵, 等. 2003. 东海两种赤潮生物种间竞争的围隔实验. 应用生态学报, 14（7）：
　　1049-1054

李善为. 1983. 从海湾沉积物特征看胶州湾的形成演变. 海洋学报, 5：328-339

李巍. 2006. 电厂温排水对陡河水库浮游生物的影响. 长春：东北师范大学硕士学位论文

李彦宾. 2008. 长江口及邻近海域季节性赤潮生消过程控制机理研究. 青岛：中国海洋大学博士学位论
　　文

李燕初, 蔡文理. 1988. 沿海港口电厂温排水、废水远区影响数值模拟田. 台湾海峡, 9：49-61

李振海, 祝秋梅. 2003. 填海工程影响下的电厂冷却水工程布置数值模拟研究. 电力环境保护, 03：6-10

林军, 龚甫贤, 章守宇. 2012. 象山港海洋牧场规划区选址评估的数值模拟研究：滨海电厂温排水温升
　　的影响. 上海海洋大学学报, 21（5）：816-824

林军, 章守宇, 龚甫贤. 2012. 象山港海洋牧场规划区选址评估的数值模拟研究：水动力条件和颗粒物
　　滞留时间. 上海海洋大学学报, 21（3）：452-459

林军. 2011. 长江口外海域浮游植物生态动力学模型研究. 上海：华东师范大学博士学位论文

林昱, 唐森铭. 1994. 海洋围隔生态系中无机氮对浮游植物演替的影响. 生态学报, 14（3）：323-326

林昭进, 詹海刚. 2000. 大亚湾核电站温排水对邻近水域鱼卵、仔鱼的影响. 热带海洋, 19（6）：44-51

蔺秋生, 金琨, 黄莉. 2009. 电厂温排水影响数学模型研究及应用. 长江科学院院报, 01：29-32

刘广山, 周彩芸. 2000. 大亚湾不同介质中 137Cs 和 90Sr 的含量及行为特征. 台湾海峡, 19（3）：261-268

刘桂梅, 孙松, 王辉, 等. 2002. 春秋季黄海海洋锋对中华哲水蚤分布的影响团. 自然科学进展, 12（11）：
　　1150-1154

刘国才, 李德尚. 2000. 对虾综合养殖围隔中浮游细菌生产力的研究. 生态学报, 20（1）：124-128

刘海成，陈汉宝. 2009. 非结构性网格在印尼亚齐电厂温排水模型中的应用研究. 水道港口，10（5）：
　　316-319

刘浩，尹宝树. 2006. 渤海生态动力过程的模型研究 I. 模型描述. 海洋学报，28（6）：21-31

刘浩，尹宝树. 2007. 渤海生态动力过程的模型研究 II. 营养盐以及叶绿素 a 的季节变化. 海洋学报，
　　29（4）：20-33

刘慧. 2010. 海水热泵对海水温度影响分析. 海洋科学与管理，35（1）：53-56

刘家沂，凌欣. 2011. 论海洋生态损害之国家索赔的实现路径. 中国海商法年刊，22（4）：48-54

刘家沂. 2010. 海洋生态损害的国家索赔法律机制与国际溢油案例研究. 北京：海洋出版社

刘兰芬，郝红，鲁光四. 2004. 电厂温排水中余氯衰减规律及其影响因素的实验研究. 水利学报，5：94-98

刘胜，黄晖，黄良民，等. 2006. 大亚湾核电站对海湾浮游植物群落的生态效应. 海洋环境科学，25（2）：
　　9-25

刘书田. 1984. 核动力站对海洋环境的影响. 海洋通报，3（4）：83-90

刘永叶. 2009. 核电厂温排水的热污染控制对策. 原子能科学技术，43（S1）：191-196

刘子琳，蔡昱明，宁修仁. 1998. 象山港中、西部秋季浮游植物粒径分级、叶绿素 a 和初级生产力. 东
　　海海洋，16（3）：18-23

刘子琳，宁修仁，史君贤，等. 1997. 象山港对虾增殖放流区浮游植物现存量和初级生产力. 海洋学报，
　　19（6）：109-114

柳瑞君，胡谓淼，张传利. 1995. 火电厂温排水溶解氧初探. 电力环境保护，02：18-22

陆军，张红振，於方. 2011. 环境污染损害评估与赔偿修复机制探索. 环境保护，24：32-34

罗益华. 2008. 象山港海域水质状况分析与污染防治对策. 环境研究与监测，21（3）：48-50

马克平. 1994. 生物多样性研究的原理与方法. 北京：科学技术出版社

美国国家环境保护局. 1976. 水质评价标准

门雅彬. 2004. 船基系统海-气通量测量方法研究. 海洋技术，23（3）：51-54

苗庆生，周良明，邓兆青. 2010. 象山港电厂温排水的实测与数值模拟研究. 海岸工程，29（4）：1-11

宁波海洋环境监测预报中心. 2011. 2004-2010 电厂前沿海域水环境监测专题研究分析报告

宁波市海洋与渔业局. 2007. 2006 年宁波市海洋环境质量公报. 宁波：宁波市海洋与渔业局

彭本荣，洪华生，陈伟琪，等. 2005. 填海造地生态损害评估：理论、方法及应用研究. 自然资源学报，
　　05：714-726

彭溢，张舒. 2013. 电厂温排水三维模拟及特征分析. 电力科技与环保，01：7-9

彭云辉，陈浩如，王肇鼎. 2001. 大亚湾核电站运转前和运转后邻近海域水质状况评价. 海洋通报，20
　　（3）：45-51

钱树本，陈怀清. 1993. 热污染对底栖海藻的影响. 青岛海洋大学学报（自然科学版），23（2）：22-24

曲绍厚，胡非，李亚秋. 2000. 1998 年 SCSMEX 期间南海夏季风海气交换的主要特征. 气候与环境研究，
　　5（4）：1-13

任大川，陈尚，夏涛，等. 2011. 海洋生态资本理论框架下海洋生物资源的存量评估. 生态学报，31（17）：
　　4805-4810

山东省海洋与渔业厅. 2009. 海洋生态损害赔偿和损失补偿评估方法（DB37/T1448—2009）. 济南：山
　　东省技术监督局

沈楠. 2007. 长山热电厂取排水对库里泡浮游生物影响及卷载效应的研究. 长春：东北师范大学硕士学位论文

盛立芳, 郑元鑫, 陈静静. 2009. 2006～2007 年北部湾海-气通量变化特征. 中国海洋大学学报, 39（4）: 569-578

盛连喜, 侯文礼, 赵国, 等. 1994. 电厂冷却系统对梭幼鱼和对虾仔虾卷载效应的初步探讨. 环境科学学报, 14（1）: 47-55

盛连喜, 刘伟. 1990. 热污染对陡河水库鱼类及其水环境的影响. 环境科学学报, 10（4）: 453-463

盛连喜, 孙刚. 2000. 电厂热排水对水生生态系统的影响. 农业环境保护, 19（6）: 330-331

盛连喜, 王显久, 李多元, 等. 1994. 青岛电厂卷载效应对浮游生物损伤研. 东北师范大学学报, 2: 83-89

世界银行集团. 1999. 污染预防和削减手册 1998: 走向清洁生产-下. 国家发展和改革委员会、环境和资源综合利用司译. 北京: 学苑出版社

苏纪兰, 唐启升. 2002. 中国海洋生态系统动力学研究-Ⅱ: 渤海生态系统动力学. 北京: 科学出版社

苏洋. 2009. 湖水源热泵系统对水体环境影响评价研究. 重庆: 重庆大学硕士学位论文

孙百晔, 梁生康, 王长友, 等. 2008. 光照与东海近海中肋骨条藻（Skeletonema costatum）赤潮发生季节的关系. 环境科学, 29（7）: 1849-1854

孙百晔, 王修林, 李雁宾, 等. 2008. 光照在东海近海东海原甲藻赤潮发生中的作用. 环境科学, 29（2）: 362-367

孙大伟, 欧林坚. 2010. 广东大亚湾中肋骨条藻种群动态及其与环境因子的相关性分析. 热带海洋报, 29（6）: 46-50

孙即霖, 杨旭君. 2004. 不同时间尺度系统对热带太平洋海-气潜热通量贡献的估计. 热带海洋学报, 23（6）: 76-81

孙恋君, 王凤英, 朱晓翔. 2011. 田湾核电站温排水环境影响遥感调查. 中国辐射卫生, 3: 330-332

孙文心. 1992. 三维浅海流体动力学的一种数值方法—流速分解法. 物理海洋数值计算. 郑州: 河南科学技术出版社

孙文心. 2004. 近海环境流体动力学数值模型. 北京: 科学出版社

孙秀敏. 2001. 热电厂温排水排海环境影响预测方法及应用. 辽宁城乡环境科技, 21（1）: 30-31

覃志豪, 李文娟, 徐斌, 等. 2004. 利用 Landsat TM6 反演地表温度所需地表辐射率参数的估计方法. 海洋科学进展, 22（10）: 129-137

覃志豪, Zhang M H, Karnieli A, 等. 2001. 用陆地卫星 TM6 数据演算地表温度的单窗算法. 地理学报, 56（4）: 456-466

唐汇娟. 2006. 围隔中不同密度鲢对浮游植物的影响. 华中农业大学学报, 25（3）: 277-280

唐启升, 苏纪兰. 2001. 海洋生态动力学研究与海洋生物资源可持续利用. 地球科学进展, 16（1）: 5-11

陶建峰, 张长宽. 2007. 河口海岸三维水流数值模型中几种垂向坐标模式研究述评. 海洋工程, 25（1）: 133-142

陶建峰, 张长宽. 2008. 河口海岸三维双 σ 坐标斜压水流数值模型研究. 海洋工程, 26（1）: 71-76

田慧娟, 马培明, 刘吉堂, 等. 2008. 连云港近海浮游动物生态特征及其与环境的关系. 海洋环境科学, 27（4）: 363-369

吐尔逊阿依•木依提, 韩龙喜, 金坚. 2008. 电厂温排水余氯对水环境影响的数值模拟. 河海大学学报:

自然科学版，36（4）：475-478

汪一航，魏泽勋，王勇刚，等. 2006. 潮汐潮流三维数值模拟在庄河电厂温排水问题中的应用. 海洋通报，25（1）：8-15

汪依凡，杨和福. 2007. 海洋生态损害评估∥中国航海学会船舶防污染专业委员会. 2007 年船舶防污染学术年会论文集. 北京：国家海洋局第二海洋研究所

王爱军，王修林，韩秀荣，等. 2008. 光照对东海赤潮高发区春季赤潮藻种生长和演替的影响. 海洋环境科学，27（2）：144-148

王春峰，杨红，储鸣，等. 2011a. 一种浅海水域生态实验浮式围隔装置：中国，ZL201120121661.1

王春峰，杨红，储鸣，等. 2011b. 一种透水型浮游生物围隔袋：中国，ZL201120121657.5

王桂兰，黄秀清，蒋晓山，等. 1993. 长江口肋骨条藻赤潮的分布与特点. 海洋科学，3：51-55

王金辉，黄秀清. 2003. 具齿原甲藻的生态特征及赤潮成因浅析. 应用生态学报，14（7）：1065-1069

王丽霞，孙英兰，田晖. 1997a. 热扩散预测方法研究概况：热扩散的研究现状. 海洋科学，6：16-17

王丽霞，孙英兰，田晖. 1997b. 热扩散预测方法研究概况 I. 影响海洋水温的因素. 海洋科学，05：24-25

王丽霞，孙英兰，郑连远. 1998. 三维热扩散预测模型. 青岛海洋大学学报，28（1）：29-35

王强，高会旺. 2003. 青岛沿海风应力和海气交换研究. 海洋科学进展，21（1）：12-20

王文海，王润玉，张书欣. 1982. 胶州湾的泥沙来源及其自然沉积速率. 海岸工程，1（1）：83-90

王岩，张鸿雁，齐振雄. 2000. 海水实验围隔中放养罗非鱼的生态学效应. 海洋学报，22（6）：81-87

王衍明. 1993. 大气物理学. 青岛：青岛海洋大学出版社

王友昭，王肇鼎，黄良民. 2004. 近 20 年来大亚湾生态环境的变化及其发展趋势. 热带海洋学报，23（5）：85-95

王正方，张庆，吕海燕. 2001. 温度、盐度、光照强度和 pH 对海洋原甲藻增长的效应. 海洋与湖沼，32（1）：15-18

王宗灵，李瑞香，朱明远，等. 2006. 半连续培养下东海原甲藻和中肋骨条藻种群生长过程与种间竞争研究. 海洋科学进展，24（4）：495-503

魏超，叶属峰，韩旭，等. 2013. 滨海电厂温排水污染生态影响评估方法. 海洋环境科学，32（5）：779-782

温伟英，黄小平，吴仕权，等. 1993. 电厂冷却水余氯对海洋环境影响的探讨. 热带海洋，12（3）：99-103

吴碧君，吴时强. 1996. 阳宗海电厂改建工程温排水对湖水温度预测及对水生物影响分析. 电力境保护，12（4）：31-37

吴传庆，王桥，王文杰. 2006. 利用 TM 影像监测和评价大亚湾温排水热污染. 中国环境监测，22：80-84

吴迪生，邓文珍. 2001. 南海台风状况下海气界面热量交换研究. 大气科学，25（3）：329-341

吴海杰，王志刚，陈淑丰. 2005. 滨海电站温排水数值模拟. 电力环境保护，21（4）：48-51

吴健，黄沈发，杨泽生. 2006. 热排放对水生生态系统的影响及其缓解对策. 环境科学与技术，29（增刊）：127-129

吴江航，陈凯麒，韩庆书. 1986. 核电站冷却水远区热、核污染数值计算的一种新方法. 水利学报，10：16-25

吴江航，韩庆书，张继春，等. 1987. 潮汐河道中热电厂冷却水系统水力热力数值模拟. 计算物理，01：35-45

吴时强. 1989. 剖开算子法解具有自由表面的温排水平面紊流流场. 水利水运科学研究，01：39-48

吴水波, 尹翠芳, 张乾, 等. 2010. 近海三维数值模型简介. 污染防治技术, 05: 17-19, 33

吴增茂, 俞光耀, 张志南, 等. 1999. 胶州湾北部水层生态动力学模型与模拟 II. 胶州湾北部水层生态动力学的模拟研究. 青岛海洋大学学报（自然科学版）, 29 (3): 429-435

谢允田, 魏民, 石岩. 1997. 热排水对浮游藻类季节变化影响的研究. 水电站设计, 13 (3): 65-67

邢前国, 陈楚群, 施平. 2007. 利用 Landsat 数据反演近岸海水表层温度的大气校正算法. 海洋学报, 29 (3): 23-30

徐国成, 顾云场. 2007. 日本蟳养殖技术研究. 科学养鱼, 7: 37

徐静琦, 魏皓, 顾海涛. 1997. 西太平洋暖池区海气通量及整体交换系数. 气象学报, 55 (6): 704-713

徐镜波, 马逊风, 侯文礼, 等. 1994. 温度、氨对鲢、鳙、草、鲤鱼的影响. 中国环境科学, 14 (3): 214-219

徐镜波, 虞瑞兰. 1992. 电厂温排水对水库生态环境的影响. 重庆环境科学, 14 (4): 34-37

徐镜波. 1990. 电厂热排水对水体溶解氧的影响. 重庆环境科学, 12 (6): 24-28

徐鹏飞. 2010. 脊尾白虾秋冬季养殖技术. 科学养鱼, 11: 40

徐晓群, 曾江宁, 曾淦宁, 等. 2008. 滨海电厂温排水对浮游动物分布的影响. 生态学杂志, 27 (6): 933-939

徐啸, 匡翠萍. 1998. 漳州后石电厂温排水数学模型. 台湾海峡, 2: 195-200

徐永健, 韦玮, 钱鲁闽. 2007. 菊花江蓠对陆基围隔高密度对虾养殖的污染净化与水质调控. 中国水产科学, 14 (3): 430-435

徐兆礼, 张凤英, 陈渊泉. 2007. 机械卷载和余氯对渔业资源损失量评估初探. 海洋环境科学, 26 (3): 246-251

许炼烽, 兰方勇, 童红云, 等. 1991. 滨海火电厂温排水对牡蛎生长和品质的影响. 海洋环境科学, 10 (2): 6-11

许炼烽. 1990. 试论滨海火电厂温排水对水体富营养化的影响. 环境污染与防治, 12 (6): 6-8, 40

闫俊岳. 1999. 中国邻海海-气热量、水汽通量计算和分析. 应用气象学报, 10 (1): 9-19

杨芳, 李有为, 杨莉玲. 2007. 波流共同作用下的海湾温排水数值模拟. 人民珠江, 6: 60-64

杨芳丽, 谢作涛, 张小峰, 等. 2005. 非正交曲线坐标系平面二维电厂温排水模拟. 水利水运工程学报, 02: 36-40

杨红, 李春新, 印春生, 等. 2011. 象山港不同温度区围隔浮游生态系统营养盐迁移-转化的模拟对比. 水产学报, 35 (7): 1030-1036

杨建强, 张秋艳, 罗先香. 2011. 海洋溢油生态损害快速预评估模式研究. 海洋通报, 06: 702-706, 712

杨清华, 张蕴斐, 孙兰涛, 等. 2005. COARE 算法估算海气界面热通量的个例对比分析. 海洋预报, 22 (4): 1-13

杨清良, 林金美. 1991. 大亚湾核电站邻近水域春季浮游植物的分布及其小时间尺度的变化特征. 海洋学报, 13 (1): 102-113

杨玉玲, 吴永成. 1999. 90 年代胶州湾海域的温、盐结构. 黄渤海海洋, 17 (3): 31-36

姚华栋, 任雪娟, 马开玉. 2003. 1998 年南海季风试验期间海-气通量的估算. 应用气象学报, 14 (1): 87-96

叶金聪. 1997. 温、盐度对鲈鱼早期仔鱼生长及存活率的影响. 福建水产, 01: 14-18

叶乐安，李凤岐. 1992. 物理海洋学. 青岛：青岛海洋大学出版社

银小兵，李静. 2000. 中性水体 pH 与水温的关系及在环境评价中的应用. 石油与天然气化工，29（5）：
　　271-272

余明辉，裴华. 1996. 一种预测火电厂温排水影响的数值模型. 电力环境保护，23（3）：15-24

余宙文. 2012. 海洋温排水环境影响评估的若干问题. 电厂温排水环境影响专题研讨会交流材料

於凡，姜子英. 2012. 我国滨海核电站温排水排放口的极端高温限值研究. 原子能科学技术，46（增）：
　　694-699

於凡，张永兴，杨东. 2010. 滨海核电站温排水的混合区设置. 水资源保护，26（1）：53-56

於凡，张永兴. 2008. 滨海核电站温排水对海洋生态系统影响的研究. 辐射防护通讯，26（1）：1-7

俞光耀，吴增茂，张志南，等. 1999. 胶州湾北部水层生态动力学模型与模拟 I. 胶州湾北部水层生态动
　　力学模型. 青岛海洋大学学报（自然科学版），29（3）：421-428

曾江宁，陈全震，郑平，等. 2005. 余氯对水生生物的影响. 生态学报，25（10）：2717-2724

曾江宁. 2008. 滨海电厂温排水对亚热带海域生态影响的研究. 杭州：浙江大学博士学位论文

翟水晶，李缇来，胡维平，等. 2008. 火电厂温排水对湿地生态系统的影响分析——以江苏射阳港电厂
　　为例. 海洋环境科学，27（6）：571-575

张朝晖，叶属峰，朱明远. 2008. 典型海洋生态系统服务及价值评估. 北京：海洋出版社

张朝晖，周骏，吕吉斌，等. 2007. 海洋生态系统服务的内涵与特点. 海洋环境科学，26（3），259-263

张春雷. 2006. 长江口邻近海域围隔实验中营养盐对浮游植物生长的影响及其动力学研究. 青岛：中国
　　海洋大学硕士学位论文

张法高. 1995. 渤、黄海每日海面热通量的计算. 海洋科学，（4）：49-51

张惠荣，赵瀛，杨红，等. 2013. 象山港滨海电厂温排水温升特征及影响效应研究. 上海海洋大学学报，
　　22（2）：274-281

张慧，孙英兰，余静. 2009. 黄岛电厂附近海域热环境容量计算. 海洋环境科学，28（4）：430-432，437

张继民. 2006. 电厂温排水对水生生物的热影响及水质影响研究. 南京：河海大学硕士学位论文

张继伟，杨志峰，汤军健，等. 2009. 海上化学品泄漏环境风险生态损害价值评估. 台湾海峡，04：526-533

张书文，夏长水，袁业立. 2002. 黄海冷水团水域物理—生态祸合数值模式研究. 自然科学进展，12（3）：
　　315-319

张穗，黄洪辉，陈浩如，等. 2000. 大亚湾核电站余氯排放对邻近海域环境的影响，19（2）：14-18

张维翯. 1996. 核电站温排水对大亚湾鲷科鱼卵、仔鱼分布的影响. 热带海洋学报，15（4）：80-84

张文全，周如明. 2004. 大亚湾核电站和岭澳核电站循环冷却水排放的热影响分析. 辐射防护，24：
　　257-262

张新玲，郭心顺，吴增茂，等. 2001. 渤海海面太阳辐照强度的观测分析与计算方法研究. 海洋学报，
　　23（2）：47-51

张秀芳，刘永健. 2007. 东海原甲藻 Prorocentrum donghaiense Lu 生物学研究进展. 生态环境，16（3）：
　　1053-1057

张学超，宋喜红，聂新华. 2008. 滨海火电厂海水烟气脱硫对海洋环境影响的初步探讨. 海洋科学，
　　32（6）：94-96

张学庆. 2003. 胶州湾三维环境动力学数值模拟及环境容量研究. 青岛：中国海洋大学硕士学位论文

张燕. 2007. 电厂温排水中余氯浓度预测. 海洋科学，31（2）：5-8

赵亮. 2002. 渤海浮游植物生态动力学模型研究. 青岛：中国海洋大学博士学位论文

赵鸣，曾旭斌. 1995. 热带西太平洋海面通量与气象要素关系的诊断分析. 热带气象学报，15：280-288

赵瀛. 2012. 基于水动力条件下象山港电厂温排水热污染对浮游植物影响研究. 上海：上海海洋大学硕
　　士学位论文

郑静，蒋国荣，费建芳，等. 2005. 南海西沙海区 5～6 月份辐射通量研究——整体公式建立. 海洋预报，
　　22（4）：73-78

郑琳，崔文林，贾永刚，等. 2009. 海洋围隔生态系中疏浚物倾倒对养殖贝类的生态效应研究. 海洋环
　　境科学，28（6）：672-675

郑沛楠，宋军，张芳苒，等. 2008. 常用海洋数值模式简介. 海洋预报，04：108-120

郑全安，吴隆业，张欣梅，等. 1991. 胶州湾遥感研究：I 总水域面积和总岸线长度量算. 海洋与湖沼，
　　22：193-199

中国海湾志编委会. 1993. 中国海湾志（第四分册）-山东半岛南部和江苏省海湾. 北京：海洋出版社

中国海洋大学. 2012. 胶州湾电厂热通量的影响研究及模拟预警研究技术报告

中华人民共和国国家质量监督检验检疫总局. 2007. 海洋调查规范（GB/T12763—2007）

中华人民共和国国家质量监督检验检疫总局. 2007. 海洋监测规范（GB17378—2007）

中华人民共和国农业部. 2007. 建设项目对海洋生物资源影响评价技术规程（SC/T9110—2007）

周玲玲，孙英兰，张学庆，等. 2006. 黄骅电厂二期工程温排水排放方案优选. 海洋通报，25（5）：43-49

周明煜，钱粉兰. 1998. 中国近海及其邻近海域海-气热通量的模式计算. 海洋学报，20（6）：21-30

周明煜，钱粉兰. 2001. 太平洋海域海-气热通量地理分布和时间变化的研究. 海洋学报，23（1）：11-18

周巧菊. 2007. 大亚湾海域温排水三维数值模拟. 海洋湖沼通报，4：37-46

周巧菊. 2007. 大亚湾热污染研究. 上海：华东师范大学硕士学位论文

朱建荣. 2003. 海洋数值计算方法和数值模式. 北京：海洋出版社

朱晓翔，刘建琳，王凤英. 2010. 核电站温排水环境影响研究方法调查评价. 电力科技与环保，26（1）：
　　8-10

庄栋法，吴省三，林昱. 1997. 化学分散原有在海洋围隔生态系中迁移过程的研究. 海洋学报，19（1）：
　　43-48

邹仁林. 1996. 大亚湾海洋生物资源的持续利用. 北京：科学出版社

Anderson A，Haecky P，Hagstrom A. 1994. Effect of temperature and light on the growth of micro-，nano-and
　　pico-plankton：Impact on algal succession. Marine Biology，120（4）：511-520

Anupkumar B，Rao T S，Venugopalan V P，et al. 2005. Narasimhan：Thermalmapping in the Kalpakkam
　　Coast（Bay of Bengal）in the vicinity of Madras atomic power station. International Journal of
　　Environmental Studies，62（4）：473-485

Bamber R N. 1990. Power station thermal effluents and marine crustaceans. Journal of Thermal Biology，15：
　　91-96

Blake N J，Doyle L J，Pyle T E. 1976. The macrobenthic community of a thermally altered area of Tampa
　　Bay，Florida // Esch G W，MacFarlane R W. Thermal Ecology II . Florida：Tech. Info. Cent.，ERDA：
　　296-301

Blomqvist P. 2001. Phytoplankton responses to biomanipulated grazing pressure and nutrient additions Ð enclosure studies in unlimed and limed lake njupfatet. central Sweden. Environmental Pollution，111：333-348

Brett J R. 1952. Temperature tolerance in young pacific Salmon. Fish. Res. Bd Can，9：265-323

Brook A J，Baker A L. 1972. Chlorination at power plant：Impact on phytoplankt on productivity. Science，178：1414-1415

Brunke M A ，Fairall C W， Zeng X，et al. 2003. Which bulk aerodynamic algorithms are least problematic in computing ocean surface turbulent fluxes. Journal of Climate，16：619-635

Bush R M，Welch E B，Mar B W. 1974. Potential effects of thermal discharges on aquatic systems. Environmental Science & Technology，8（6）：561-568

Cairns J Jr，Dickson K L. 1977. Effects of temperature changes and chlorination upon the community structure of aquatic organisms // Marois M. Towards a Plan of Action for Mankind：Needs and Resources--Methods of Provision. Oxford ：Pergamon Press：129-144

Capuzzo J M，Lawrence S A，Davidson J A，et al. 1976. The differential effects of free and combined chlorine on juvenile marine fish. Estuarine Coastal Marine Science，5：733-741

Chen C S，Liu H，Beardsley R C. 2003. An unstructured grid，finite volume，three-dimensional，primitive equations ocean model：Application to coastal ocean and estuaries. Journal of Atmospheric and Oceanic Technology，20：159-186

Chen C W，Weintraub L H Z，Herr J，et al. 2000. Impacts of a thermal power plant on the phosphorus TMDL of a reservoir. Environmental Science & Policy，3：217-223

Chen Y L. 1992. Summer phytoplankton community structure in the Kuroshio current-related upwelling northeast of Taiwan. Terrestrial Atmospheric and Oceanic Sciences，3：305

Chuang Y L，Yang H. 2009. Effects of a thermal discharge from a nuclear power plant on phytoplankton and periphyton in subtropical coastal waters. Journal of Sea Research，67：197-205

Cohen J. 1988. Statistical Power Analysis for the Behavioral Sciences（2nd ed.）. Hillsdale，NJ：Erlbaum

Cohen J. 1992. A power primer. Psychological Bulletin，112（1）：155-159

Costanza R， D'Arge R，de Groot R，et al. 1997. The value of the world's ecosystem services and natural capital. Nature，387：253-260

Cowles R B，Bogert C M. 1944. A preliminary study of the thermal requir ements of desert reptiles. Bull Am Mus Nat Hist，83：265-296

Cui M C，Wang R，Hu D X. 1997. Simple ecosystem model of the east China Sea in spring. Chinese Journal of Oceanology and Limnology，15（1）：80-87

Cui M C，Zhu H. 2001. Coupled physical-ecological modeling in the central part of Jiaozhou Bay II. coupled with an ecological model. Chinese Journal of Oceanology and Limnology，19（1）：21-28

Elliott J A. 1995. A comparison of thermal polygons for British freshwater teleosts. Freshwater Forum，5：178-184

Eppley R W，Renges E H，Williams P M. 1976. Chlorine reaction with seawater constituents and inhibition of photosynthesis of natural marine phytoplankton. Estuarine and Coastal Marine Science，4：147-161

Fairall C W，Bradley E F，Rogers D P，et al. 1996. Bulk parameterization of air-sea fluxes for tropical ocean global atmosphere coupled-ocean atmosphere response experiment. Journal of Geophysical Research，101：3747-3764

Fairall C W，Larsen S E. 1986. Inertial-dissipation methods and turbulent fluxes at the air-ocean interface. Boundary-Layer Meteorology，34：287-301

Fouillaron P. 2007. Response of a phytoplankton community to increased nutrient inputs：A mesocosm experiment in the Bay of Brest（France）. Journal of Experimental Marine Biology and Ecology，351：188-198

Friedlander M，Levy D，Hornung H. 1996. The effect of cooling seawater effluents of a power plant on growth rate of cultured Gracilaria conferta（Rhodophyta）. Hydrobiologia，332（3）：167-174

Fry F E J. 1947. Effects of the environmeng on animal activity（Univ. Toronto Stud）. Biol. Ser. 55 Ontario Fish Res Lab Publ，（8）：562

Galperin B，Kantha L H，Hassid S，et al. 1988. A quasi-equilibrium tubulent energy model for geophysical Flows. J. Atmos. SCI.，45：55-62

Hamilton D H，Flemer D A J，Keefe C W，et al. 1970. Power plants：Effects of chlorination on estuarine primary production. Science，166：197-198

Hamrick M J，Mills W B. 2000. Analysis of water temperatures in Conowingo Pond as influenced by the Peach Bottom atomic power plant thermal discharge. Environmental Science & Policy，3：S197-S209

Harleman D R F，Hall L C. 1968. Thermal diffusion of condenser water in a river during steady and unsteady flows with application to the T.V.A. browns ferry nuclear power plant. Hydrodynamics Laboratory Report，3：98-115

Hedges L V，Olkin I. 1985. Statistical Methods for Meta-Analysis. San Diego，CA：Academic Press

Hoffmeyer M S，Biancalana F，Berasategui A. 2005. Impact of a power plant cooling system on copepod and meroplankton survival Iheringia，Sér. Zool，95（3）：311-318

Hydroqual，Inc. 2002. A Primer for ECOMSED（Users Manual）. America：Hydrogual

IMO/FAO/UNESCO/WMO/WHO/IAEA/UN/UNEP. 1984. Joint group of experts on the scientific aspects of marine pollution（GESAMP）reports and studies. Thermal discharges in the marine environment. Food and Agriculture Organization of the United Nations，24：1-44

Jiang J，Fissel D B，Lemon D D. 2002. Modeling Cooling Water Discharges From the Burrard Generating Station. BC Canada：Oceans

Jiang J，Fissel D B，Taylor A. 2001. Burrard Generating Station Cooling Water Recirculation Study. BC Canada：ASL Technical Report

John M H. 2000. Analysis of water temperature in Conowingo Pond as influenced by the peach bottom atomic power plant thermal discharge. Environmental Science& Policy，3：145-149

Klerks P L，Fraleigh P C，Lawniczak J E. 1996. Effects of zebra mussels（Dreissena polymorpha）on seston levels and sediment deposition in western Lake Erie. Canadian Journal of Aquatic Sciences，53：2284-2291

Kokaji I. 1995. The present status for thermal discharge of nuclear power plant. Progress in Nuclear Energy，

29：413-420

Landford T E. 1988. Ecology and cooling water use by power station. Atomspere Research，385：4-7

Li G. 1990. Different Types of Ecosystem Experiments // Lalli C M. Enclosed Experimental Marine Ecosystem：A Review and Recommenclations. London：Springer-Vetlag

Longhurst A R. 1985. The structure and evolution of plankton communities. Prog. Oceanogr，15（1）：1-35

Marlene S，Glenn J，Donna I. 1986. The effects of power plant passage on Zooplankton mortalities. Eight years of study at the Donald C. Cook Nuclear Plant. Water Research，20（6）：725-734

Masilamoni G，Jesudossa K S，Nandakumarb K，et al. 2002. Lethal and sub-ethal effects of chlorination on green mussel Perna viridis in the context of biofouling control in a power plant cooling water system. Marine Environmental Research，53：65-76

Matlice J S，Zittlel H E. 1976. Site-specific evaluation of power plant Chlorination. Journal Water Pollution Control Federation，44（10）：2284-2308

McGuirk J J，Rodi W. 1978. A Depth-averaged mathematical model for the near field of side discharges into open-hannel flow. Fluid Mech，86：761-781

Mellor G L. 1988. Users guide for a three-dimensional primitive equation numerical ocean model. Program in Atmosphere and Oceanic Science，Princeton University，Princeton，NJ 08544-0710：56

Mustard J F，Carney M A，Sen A. 1999. The use of satellite data to quantify thermal effluent impacts. Estuarine，Coastal and Shelf Science，49：509-524

Poornima E H， Rajadurai M. 2005. Impact of thermal discharge from a tropical coastal power plant on phytoplankton. Journal of Thermal Biology，30：307-316

Porra R J. 2002. The chequered history of the development and use of simultaneous equations for the accurate determination of chlorophylls a and b. Photosynthesis Research，73：149-156

Power M，Attrill M J. 2003. Long-term trends in the estuarine abundance of Nilsson's pipefish（Syngnathus rostellatus Nilsson）. Estuarine. Coastal and Shelf Science，57（1-2）：325-333

Rajadurai M，Poornima E H，Narasimhanb S V，et al. 2005. Phytoplankton growth under temperature stress：Laboratory studies using two diatoms from a tropical coastal power station site. Journal of Thermal Biology，30（4）：299-305

Rajagopal S，NairK V K，van Velde G，et al. 1997. Response of mussel Brachidontes striatulus to chlorination：An experimental study. Aquatic Toxicology，39（2）：135-149

Rajagopal S，Venugopalan V P，van Velde G，et al. 2003. Tolerance of five species of tropical marine mussels to continuous chlorination. Marine Environmental Research，55（4）：277-291

Reynolds W W，Casterlin M E. 1979. Behavioral thermo regulationand the"final preferendum" aradigma. AmZool，19：211-224

Ringger T G. 2000. Investigations of impingement of aquatic organisms at the calvert cliffs nuclear power plant，1975-1995. Environmental Science&Plice，3：261-273

Robert M D，Loren D J. 1975. Zooplankton entrainment at three Mid-Atlantic power plants. Water Pollution Control Federation，47（8）：2130-2142

Rodi W. 1980. Turbulence Models and Their Application in Hydraulics，Int. Delft：Association for Hydraulic

Research

Roemmich D，Gowan J. 1995. Climate warming and the decline of zooplankton in the Califomia Current. Science，267（18）：1324-1326

Rokeby B E. 1991. Manual on marine experimental ecosystems：Paris：Scinentific Committee on Ocean Research，UN Educational，Scientific and Cultural Organisation

Sandstroem O，Abrahamsson I，Andersson J，et al. 1997. Temperature effects on spawning and egg development in eurasian perch. Journal of Fish Biology，51（5）：1015-1024

Saravanan P，Priya A M，Sundarakrishnan B. 2008. Effects of thermal discharge from a nuclear power plant on culturable bacteria at a tropical coastal location in India. Journal of Thermal Biology，33：385-394

Saravanane N，Satpathy K K，Nair K V K，et al. 1998. Preliminary observations on the recovery of tropical phytoplankton after entrainment. J. Therm. Biol，23（2）：91-97

Shafiq A M，Suresh K，Durairaj G，et al. 1993. Effect of cooling water chlorination on primary productivity of entrained phytoplankton at Kalpakkam，east coast of India. Hydrobiologia，271：165-168

Shams E l，Din A M. 2000. On the chlorination of seawater. Desalination，129：53-62

Smagorinsky. 1963. General circulation experiments with the primitive equations I：The basic experiment. Monthly Weather Review，91（3）：99-164

Strickland J D H，Terhune L D B. 1961. The study of in situ marine photosynthesis using a large plastic bag. Limnology and Oceanography，6：93-96

Suresh K，Durairaj G，Nair K V K. 1996. Harpacticoid copepod distribution on a sandy shore in the vicinity of a power plant discharge，at KalPakkam，along the east coast of India. Indian Journal of Marine Science，25（4）：307-311

Tang D，Kester D R，Wang Z，et al. 2003. AVHRR satellite remote sensing and shipboard measurements of the themal plume from the Daya Bay，Nuclear Power station，China. Remote Sensing of Enviroment，84（4）：506-515

Wei H，Sun J，Mollc A，et al. 2004. Phytoplankton dynamics in the Bohai Sea-observations and modeling. Journal of Marine Systems，44：233-251

Wong C S. 1992. Marine Ecosystem Enclosed Experiments. Beijing：Proceedings of a Symposium

Yang Y F，Wang Z D，Pan M X，et al. 2002. Zooplankton community structure of the sea surface microlayer near power plants and marine fish culture zones in Daya Bay. Chinese Journal of Oceanology and Linmology，20（2）：129-134

И·Л·贝利纳，谢允田. 1985. 增温对浮游植物发育和光合作用影响的实验研究. 国外环境科学技术，04：61-74